Pravat Kumar Swain

Bio-butanol: Um caminho para um futuro combustível sustentável

Pravat Kumar Swain

Bio-butanol: Um caminho para um futuro combustível sustentável

ScienciaScripts

Imprint

Any brand names and product names mentioned in this book are subject to trademark, brand or patent protection and are trademarks or registered trademarks of their respective holders. The use of brand names, product names, common names, trade names, product descriptions etc. even without a particular marking in this work is in no way to be construed to mean that such names may be regarded as unrestricted in respect of trademark and brand protection legislation and could thus be used by anyone.

Cover image: www.ingimage.com

This book is a translation from the original published under ISBN 978-620-2-05272-6.

Publisher:
Sciencia Scripts
is a trademark of
Dodo Books Indian Ocean Ltd. and OmniScriptum S.R.L publishing group

120 High Road, East Finchley, London, N2 9ED, United Kingdom
Str. Armeneasca 28/1, office 1, Chisinau MD-2012, Republic of Moldova, Europe
Printed at: see last page
ISBN: 978-620-7-69799-1

ÍNDICE DE CONTEÚDOS:

RESUMO 2

Capítulo 1. Introdução 3

Capítulo 2. O potencial do biobutanol 6

Capítulo 3. Desenvolvimentos recentes no domínio do biobutanol 9

Capítulo 4. Processos de produção de biobutanol 12

Capítulo 5. Matérias-primas para o biobutanol 17

Capítulo 6. Bioconversão da biomassa em combustíveis de álcool misto 20

Capítulo 7. Vantagens do biobutanol 23

Capítulo 8. Desvantagens do biobutanol 24

Capítulo 9. Teste de estrada do biobutanol e do butanol combustível 25

Capítulo 10. Utilizações do biobutanol e do butanol 27

Capítulo 11. Biocombustíveis da próxima geração 32

Capítulo 12. Comparação com outros biocombustíveis 34

Capítulo 13. Perspectivas 38

Capítulo 14. Conclusões 41

Agradecimentos 42

Lista de abreviaturas 43

Referências 44

RESUMO

O interesse pelo biobutanol, um combustível sustentável para veículos, está a aumentar devido ao aumento dos preços do petróleo e às preocupações com as alterações climáticas e a crise energética. No entanto, os custos do biobutanol com a fermentação ABE convencional por Clostridium são mais elevados do que o custo do butanol proveniente dos actuais processos petroquímicos. O butanol derivado da fermentação é uma possível alternativa ao etanol como combustível líquido fungível de transporte à base de biomassa. Neste estudo, compara-se a produção de n-butanol por fermentação com a produção de etanol a partir de milho ou switchgrass através do rendimento de combustível líquido em termos de menor valor de aquecimento (LHV). Os dados à escala industrial sobre a fermentação do n-butanol (fermentação ABE) ou do etanol (levedura) estabelecem uma base de referência neste momento e colocam em perspetiva os recentes avanços na fermentação do butanol. O rendimento energético do n-butanol é cerca de metade do do etanol de milho ou de switchgrass utilizando a atual tecnologia ABE. Este facto constitui uma séria desvantagem para o n-butanol, uma vez que o custo da matéria-prima representa uma parte significativa do preço do combustível. O baixo rendimento aumenta as emissões de gases com efeito de estufa durante o ciclo de vida do n-butanol para a mesma quantidade de LHV em comparação com o etanol. Um determinado volume de fermentador pode produzir apenas cerca de um quarto do LHV como n-butanol por unidade de tempo em comparação com o etanol. Este facto aumenta os custos de capital. Recentemente, foram desenvolvidas tecnologias melhoradas para o processo de fermentação do biobutanol: durante a fermentação, obtêm-se concentrações e produtividades mais elevadas de butanol e as técnicas de separação e purificação são menos intensivas em energia. Isto pode resultar num processo economicamente viável quando comparado com a via petroquímica para a produção de butanol. A incorporação destas tecnologias num conceito de biorefinaria contribuirá para o desenvolvimento de um processo economicamente viável.

Palavras-chave: Biobutanol, Técnicas de fermentação, Biocombustível, Etanol, Mistura de combustíveis, Bioconversão

Capítulo 1. Introdução

O biobutanol, por vezes também designado por biogasolina, é um álcool produzido a partir de matérias-primas de biomassa. O butanol é um álcool de 4 carbonos que é atualmente utilizado como solvente industrial em muitos produtos de acabamento de madeira. O biobutanol pode ser utilizado em motores de combustão interna como aditivo para a gasolina ou como mistura de combustível com a gasolina. O conteúdo energético do biobutanol é 10% inferior ao da gasolina comum. Isto não é tão mau quanto a densidade energética do etanol é 40% inferior. Uma vez que o biobutanol é quimicamente mais semelhante à gasolina do que o etanol, pode ser integrado em motores de combustão interna normais mais facilmente do que o etanol. A sua exploração foi inicialmente interrompida devido aos elevados preços de produção, mas devido a novas tecnologias e a um aumento dos preços do processamento do petróleo, é atualmente uma alternativa barata e segura.

O biobutanol demonstrou ter potencial para reduzir as emissões de carbono em 85% quando comparado com a gasolina, o que o torna uma alternativa de venda à gasolina e a um combustível misturado com gasolina e etanol. O biobutanol é produzido através da fermentação de biomassas a partir de substratos que vão desde grãos de milho, palha de milho e outras matérias-primas. Os micróbios, especificamente do Clostridium acetobutylicum, são introduzidos nos açúcares produzidos a partir da biomassa. Estes açúcares são decompostos em vários álcoois, que incluem o etanol e o butanol. Infelizmente, um aumento na concentração de álcool faz com que o butanol seja tóxico para os microrganismos, matando-os após um período de tempo. Este facto tornou o processo de fermentação dispendioso e irrealista quando comparado com os custos do petróleo no final dos anos 50. Felizmente, novos avanços tecnológicos e a descoberta de novos micróbios melhoraram tremendamente a eficiência e o custo do processo de fermentação. Através da engenharia genética, os investigadores conseguiram modificar os micróbios mais eficientes para poderem suportar elevadas concentrações de álcool. Estão constantemente a ser investigadas novas modificações, incluindo a modificação de enzimas e genes envolvidos na formação de butanol a partir da fermentação de biomassa. Uma tendência promissora é a recente aquisição de instalações de fermentação de etanol por empresas de biobutanol. Estas fábricas de etanol estão a ser equipadas com sistemas de separação avançados que lhes permitem produzir biobutanol. Uma vez que o biobutanol tem um valor inerentemente mais elevado do que o bioetanol, é provável que a tendência de conversão das fábricas se mantenha. Para além da fermentação, algumas empresas estão a desenvolver a pirólise. Esta via pode converter biomassa residual ou resíduos de culturas em biobutanol [1, 2].

As grandes desvantagens técnicas e comerciais dos biocombustíveis existentes levaram ao desenvolvimento contínuo de biocombustíveis de segunda geração, que atualmente incluem: etanol celulósico, biobutanol e álcoois mistos. Entre este grupo, o biobutanol supera tantas das deficiências do etanol que parece estar preparado para um crescimento significativo. Além disso, pode ser sinérgico com a tecnologia atual e futura de produção de etanol. O butanol é um álcool de maior peso molecular que o etanol, o que lhe confere menor pressão de vapor, menor solubilidade em água e maior densidade energética. As implicações práticas são que o biobutanol pode ser misturado em qualquer ponto da cadeia de abastecimento sem causar problemas no sistema ou nos materiais, e espalhar-se-á menos nas águas subterrâneas em caso de derrame. Além disso, necessitará de menos ajustes no stock de mistura de gasolina para o acomodar e permitirá aos condutores viajar mais longe com um depósito cheio, em comparação com as misturas de etanol. Pode potencialmente ser misturado em proporções mais elevadas com a gasolina ou utilizado como combustível líquido em todos os motores a gasolina. Além disso, pode ser mais ecológico, uma vez que algumas rotas do biobutanol afirmam capturar mais carbono da biomassa como combustível do que o etanol de fermentação (em que cerca de metade do carbono do substrato é transformado em CO_2). No entanto, existe atualmente um interesse crescente na utilização do biobutanol como combustível para os transportes. As misturas de 85% de butanol/gasolina podem ser utilizadas em motores a gasolina não modificados. Pode ser transportado nas condutas de gasolina existentes e produz mais energia do que o etanol. O biobutanol pode ser produzido a partir de culturas de cereais, cana-de-açúcar e beterraba sacarina, etc., mas também pode ser produzido a partir de matérias-primas celulósicas. Para tirar partido destas vantagens potenciais, é necessário desenvolver novos processos de produção [3].

O etanol, o principal biocombustível atual, tem várias limitações. O butanol supera muitas dessas limitações e é promissor como o próximo biocombustível importante para o sector dos transportes. O biocombustível dominante nos Estados Unidos, no Brasil e em muitos outros países é o etanol, fabricado através da fermentação do milho ou da cana-de-açúcar por leveduras. Esse processo bem conhecido tem sido usado há séculos para fazer bebidas e, por muitos anos, tem sido praticado em escala industrial para fazer etanol para usos não combustíveis. O atual crescimento da indústria do etanol combustível (nos EUA e noutros países) é motivado em grande medida pelos desafios do desenvolvimento rural, da independência energética e da atenuação das alterações climáticas. No entanto, as propriedades do etanol tornam-no de certa forma incompatível com a maior parte da infraestrutura mundial de refinação de petróleo, distribuição de combustível, reabastecimento e veículos motorizados, que vale vários biliões de dólares. Além disso, a indústria energética, que tem de misturar e comercializar etanol combustível, enfrenta uma nova dinâmica de mercado, na medida em que a procura de etanol não é impulsionada pela procura dos clientes ou pela economia, mas por imperativos sociais e políticos. A cadeia de valor do etanol funde a agricultura e a alimentação com o petróleo e a petroquímica - dois sectores com clientes, culturas, tecnologias, macroeconomia e modelos de negócio radicalmente diferentes. Recentemente, o etanol à base de milho tem sido criticado por ter uma pegada de gases com efeito de estufa fraca e por aumentar o preço dos produtos alimentares nos mercados mundiais; críticas semelhantes ao etanol brasileiro à base de cana-de-açúcar têm sido menos severas. Um biocombustível atrativo é aquele que pode ser utilizado diretamente como complemento ou substituto da gasolina ou do gasóleo derivados do petróleo, que tem uma pegada de carbono reduzida e não compete com o abastecimento alimentar. Num dos extremos do espetro está o "Santo Graal" dos biocombustíveis - os hidrocarbonetos produzidos por gaseificação da biomassa celulósica ou por fermentação dos açúcares da biomassa - mas é provável que estes estejam, pelo menos, a uma década de distância de uma verdadeira importância comercial. O etanol celulósico, no outro extremo do espetro, não compete muito com a produção de alimentos e tem melhores emissões de carbono. Mas continua a ser um combustível inconveniente.

Capítulo 2. O potencial do biobutanol

A curto prazo, uma possível solução para os problemas do etanol é o biobutanol. O butanol é produzido por uma tecnologia de fermentação bem conhecida e comercializada há muito tempo, que pode ser aplicada a vários substratos de hidratos de carbono. As propriedades do butanol o tornam um biocombustível muito mais atraente do que o etanol no que diz respeito à mistura com gasolina, distribuição, reabastecimento e uso em veículos existentes [4]. As misturas de gasolina apresentam valores de octanagem e pressão de vapor do álcool. A título de comparação, as especificações verão/inverno da gasolina são <7,8/15 psi. Para indicar o potencial do biobutanol para substituir o etanol como matéria-prima para a mistura com a gasolina. Algumas das propriedades relevantes do butanol, do etanol e da gasolina são apresentadas na Tabela 1.

Quadro 1

Propriedades do n-butanol, do etanol e da gasolina.

	n-Butanol	Ethanol	Gasoline
Specific Gravity@60°F	0.814	0.794	0.720-0.775
Heating Value, MJ/L	26.9-27.0	21.1-21.7	32.2-32.9
Research Octane Number (RON)	94*	106-103*	95
Motor Octane Number (MON)	80-81*	89-103*	85
RVP of 5% and 10% Alcohol/Gasoline Blends	6.4*/6.4*	31*/20*	–†
psi oxygen, wt.%	21.6	34.7	<2.7
Water Solubility at 25°C, %	9.1	100.0	<0.01

Estas diferenças de propriedades conferem ao butanol algumas vantagens fundamentais: O butanol pode ser manuseado convenientemente na infraestrutura petrolífera existente, incluindo o transporte por oleoduto, o ft pode ser misturado, em qualquer proporção, com gasolina ou diesel nas refinarias existentes, evitando assim o investimento de capital associado a renovações de plantas e a necessidade de grandes mudanças operacionais, o ft não se dissolverá ou absorverá água ou lodo, nem dissolverá ferrugem e outros materiais de tramp em oleodutos, tanques e outros equipamentos. Os seus valores de octanas e densidade energética aproximam-se dos da gasolina, pelo que a economia de combustível dos veículos (mpg) não se degradará significativamente, como acontece com as misturas etanol-gasolina. Uma vez que a sua pressão de vapor é muito inferior à do etanol, não aumentará a pressão de vapor reid (RVP) do combustível - uma especificação fundamental da gasolina acabada. Como resultado, melhoradores de octanagem de baixo custo, como o butano, podem ser usados em misturas de butanol e gasolina em estações mais quentes. A baixa solubilidade do butanol na água e da água no butanol reduz a tendência de os derrames se espalharem nas águas subterrâneas. Tal como outros álcoois, o butanol é, em última análise, bastante biodegradável, o que limita o seu impacto ambiental em caso de derrame ou fuga.

Mas o biobutanol tem várias deficiências potenciais, é mais tóxico para os seres humanos e os animais a curto prazo do que o etanol ou a gasolina (embora alguns componentes da gasolina, como o benzeno, sejam mais tóxicos ou cancerígenos) e não é claro se o butanol degradará os materiais habitualmente utilizados nos automóveis que podem entrar em contacto com os combustíveis para motores; os dados relativos à construção sugerem que não causará problemas, mas não foram realizados ensaios definitivos sobre a vasta gama de polímeros e metais potencialmente afectados.

2.1. Biobutanol: combustível de potencial

Numa época em que o mundo está à beira da crise energética, do aumento dos preços dos combustíveis e das guerras petrolíferas, qualquer avanço no domínio dos combustíveis e das fontes de energia é uma lufada de ar fresco bem-vinda. Juntamente com o biodiesel, o biobutanol pode ser o Santo Graal dos sistemas de combustível alternativos. O biobutanol, tal como o etanol, é um álcool. A diferença entre o butanol e o etanol é que o etanol tem 2 carbonos na sua espinha dorsal, enquanto o butanol tem 4 carbonos. O butanol que provém da biomassa ou da matéria orgânica é designado por biobutanol, por oposição ao petrobutanol que provém do petróleo. A razão pela qual o biobutanol é aclamado como tendo um enorme potencial para ajudar a acabar com a nossa crise energética mundial é o facto de certas bactérias, particularmente estirpes de Clostridium, terem a capacidade única de digerir todos os tipos de matéria orgânica numa mistura de acetona, butanol e etanol. Mais recentemente, através de um processo patenteado desenvolvido na Universidade do Estado de Ohio, o butanol foi sintetizado em maiores quantidades e de forma mais eficiente do que se pensava ser possível anteriormente, através da utilização de uma estirpe de bactérias Clostridium conhecida como Clostridium tyrobutyricum. O processo envolvido na produção de butanol a partir de biomassa é bastante semelhante ao do etanol, consistindo essencialmente em bactérias ou outros microrganismos que decompõem uma solução de açúcar, amido, lignina ou fibra numa mistura de produtos químicos, incluindo o butanol. O butanol, sendo apenas ligeiramente solúvel em água, é então separado da solução, quer por um adsorvente, quer por destilação.

O butanol tem uma densidade energética mais próxima da gasolina do que o outro aditivo atualmente utilizado, o etanol. Para além da sua densidade energética, imita a gasolina nas suas propriedades de combustão quando utilizado num motor a gasolina. Para além destes atributos interessantes, o butanol foi utilizado com segurança em mais de um teste em veículos antigos, com uma concentração de 100%. Os motores dos carros em que o butanol foi testado não foram modificados de forma alguma. Isto significa que o butanol pode, teoricamente, ser utilizado como substituto direto da gasolina, ou mesmo numa mistura. O butanol também não é muito higroscópico, pelo que não requer o manuseamento diferente que o etanol requer devido às suas propriedades que adoram a água. Como se tudo isto não bastasse, o butanol também funciona a uma gama mais ampla de temperaturas do que o etanol e tem excelentes propriedades de arranque a frio. Isto significa que um motor a gasolina que funcione com butanol numa manhã fria de inverno não terá quaisquer problemas em arrancar. Para além disso, o butanol pode ser produzido mais barato do que os combustíveis fósseis, reduz as emissões dos veículos e não ataca os materiais habitualmente utilizados nos motores de combustão interna.

O biobutanol é talvez o substituto mais realista da gasolina que a procura de combustíveis alternativos produziu até à data. Quando o biobutanol é produzido a partir de substâncias orgânicas, tem um balanço neutro de CO2. Isto significa que a quantidade líquida de dióxido de carbono emitida para a atmosfera como resultado do consumo de butanol é zero. Isto é possível devido ao facto de as plantas utilizadas para produzir butanol absorverem elas próprias o dióxido de carbono da atmosfera à medida que crescem. Esta pode ser a consideração mais importante na substituição da gasolina pelo butanol, devido aos efeitos prejudiciais que este consumo secular de combustíveis fósseis teve no nosso ambiente. A eliminação progressiva dos combustíveis fósseis e a introdução progressiva de combustíveis à base de biomassa, como o biodiesel, o biobutanol e o etanol, podem ser os passos adequados para um futuro mais saudável e seguro para os nossos descendentes. Se na próxima década for possível desenvolver um meio eficaz para converter eficientemente a biomassa em biobutanol, não deverá haver nada entre o mundo e a utilização deste novo e prometedor combustível. O biobutanol pode ainda não ser economicamente viável devido ao processo de fabrico relativamente ineficaz, mas com tempo e investigação dedicada esta situação pode mudar. O facto de os nossos veículos actuais poderem funcionar diretamente com butanol é suficiente para tornar a investigação sobre este combustível uma necessidade. À medida que o nosso conhecimento sobre a síntese de biocombustíveis aumenta, também aumenta a nossa capacidade de pintar um futuro mais brilhante para nós como raça. O biobutanol pode ser a gasolina do futuro.

Capítulo 3. Desenvolvimentos recentes no domínio do biobutanol

Para além da crescente popularidade do biobutanol devido às suas vantagens, o rendimento percentual e a velocidade da sua produção dependem parcialmente dos organismos que processam os substratos. Atualmente, estão em curso esforços para melhorar os micróbios existentes utilizados na fermentação. Estão também a ser desenvolvidos organismos sintéticos para aumentar ainda mais a produção. Através de uma mistura de engenharia genética e investigação biológica, o biobutanol tem um futuro prometedor [5, 6].

O biobutanol é um álcool de quatro carbonos derivado da fermentação da biomassa. Quando é produzido a partir de matérias-primas derivadas do petróleo, é comummente designado por butanol. O biobutanol pertence à mesma família de outros álcoois vulgarmente conhecidos, nomeadamente o metanol monocarbónico e o mais conhecido álcool de dois carbonos, o etanol [7]. A importância do número de átomos de carbono em qualquer molécula de álcool está diretamente relacionada com o conteúdo energético dessa molécula em particular.

Quanto mais átomos de carbono estiverem presentes, especialmente em cadeias longas de ligações carbono-carbono, mais denso em energia é o álcool. Os avanços nos métodos de processamento do biobutanol, nomeadamente a descoberta e o desenvolvimento de microrganismos geneticamente modificados, prepararam o terreno para que o biobutanol ultrapasse o etanol como combustível renovável [8, 9]. Antes considerado utilizável apenas como solvente industrial e matéria-prima química, o biobutanol mostra-se muito promissor como combustível para motores, devido à sua densidade energética favorável, e proporciona uma melhor economia de combustível, sendo considerado um combustível superior ao etanol [10, 11].

Várias empresas estão atualmente a investigar novas alternativas à fermentação ABE tradicional, que permitiriam a produção de biobutanol à escala industrial. Em junho de 2006, a DuPont e a BP formaram uma parceria para desenvolver uma nova tecnologia de produção de biobutanol utilizando matérias-primas lignocelulósicas. Em julho de 2009, a parceria foi autorizada a adquirir a empresa americana Biobutanol LLC. Em 2009, a BP e a DuPont formaram a Butamax™ Advanced Biofuels, Wilmington. Em novembro de 2009, a BP e a DuPont anunciaram a formação da Kingston Research Ltd. e a criação de um centro de investigação de biocombustíveis avançados, no valor de 25 milhões de libras, em Hull, para a demonstração da tecnologia do biobutanol (que deverá estar operacional em 2010). A primeira instalação de biobutanol à escala comercial deverá entrar em funcionamento em 2013. Em 25 de setembro de 2009, a BP e a Mazda anunciaram a utilização de uma mistura de etanol e biobutanol na corrida Petit Le Man, nos EUA. Em setembro de 2009, a Gevo, Englewood, CO, anunciou que a Tecnologia Integrada de Fermentação Gevo (GIFT™) foi utilizada em uma planta de demonstração ICM em St. Joseph, Missouri, para produzir um milhão de galões de biobutanol por ano, adaptando uma planta de etanol existente. O processo pode utilizar grande parte do sistema de produção de etanol existente, mas utiliza estirpes de leveduras celulósicas concebidas para produzir butanol em vez de etanol [12]. Em 2009, a Gevo celebrou um acordo de licenciamento com a Cargill, concedendo à empresa direitos exclusivos para utilizar os organismos hospedeiros da Cargill na Tecnologia de Fermentação Integrada Gevo. A Total também terá investido na Gevo. Esta tecnologia baseia-se na investigação de James Liao, da Universidade da Califórnia, que desenvolveu estirpes de E. Coli com genes que codificam duas enzimas que convertem cetoácidos em aldeídos e aldeídos em 1-butanol. Quando manipulados posteriormente, os micróbios foram capazes de produzir butanol com eficiências muito mais elevadas, adequadas para a produção industrial. Em 2008, a Gevo adquiriu uma licença exclusiva para comercializar a tecnologia de Liao. No Reino Unido, a Green Biologies também desenvolveu estirpes microbianas geneticamente modificadas produtoras de butanol e vai integrá-las num novo processo de fermentação. Este avanço tecnológico deverá resultar numa mudança radical na viabilidade económica da fermentação e permitir a produção em grande escala do produto Butafuel™ da Green Biologics. Em setembro de 2008, a Green Biologics assinou um acordo com a Laxmi Organis Industries para construir uma fábrica comercial de biobutanol na Índia. A empresa está também a trabalhar com uma nova geração de produtores de biobutanol na China.

Outras empresas que desenvolvem a tecnologia do butanol incluem a Cobalt Biofuels, a Tetravitae Bioscience e a METabolic EXplorer, em França. A Butalco GmBH, Suíça, está a desenvolver novos processos de produção de biobutanol com base em leveduras geneticamente optimizadas, juntamente com parceiros em tecnologias de processamento a jusante. A empresa estatal Russian Technologies iniciará a construção de uma fábrica de biobutanol na região de Irkutsk na primavera de 2011. A fábrica utilizará aparas de madeira e outros subprodutos da madeira (Fonte: Moscow Times). Na década de 1980, os hidrolisados de material lignocelulósico foram utilizados para produzir butanol à escala industrial na Rússia, e os processos desenvolvidos também atraíram um interesse renovado dos investigadores do butanol (a via tecnológica para a nova fábrica de biobutanol não foi mencionada no comunicado de imprensa). Em novembro de 2009, investigadores da UCLA anunciaram que estirpes modificadas de *Synechococcus elongatus* podiam produzir isobutiraldeído e isobutanol diretamente a partir do dióxido de carbono [13]. Estão também em curso investigações sobre a produção de 2,3-butanodiol (um potencial biocombustível) a partir de resíduos agrícolas (por exemplo, hidrólise de fracções ricas em hemicelulose por *Trichoderma harzianum* seguida de fermentações com *Klebsiella pneumoniae*). A melhoria da eficiência da fermentação é um dos focos do projeto SUPRABIO do FP7. Vários investigadores de biobutanol estão a trabalhar com estirpes de *Clostridium geneticamente* modificadas.

A hidrólise das matérias-primas celulósicas antes da conversão em butanol oferece potencialmente um grande aumento do rendimento. Numa investigação publicada pelo USDA em 2007, a palha de trigo foi hidrolisada em açúcares componentes lignocelulósicos como a glucose, xilose, arabinose, galactose e manose antes da sua conversão em butanol, por *Clostridium beijerinckii* P260. A taxa de produção de hidrolisados de palha de trigo para butanol foi 214% superior à da glucose. A investigação genética em curso está a centrar-se em sistemas de "eliminação de genes" em estirpes de *Clostridium*, através dos quais são removidas as enzimas que catalisam reacções concorrentes, que produzem acetona, etanol, etc. A investigação sobre o processo de fermentação ABE abordou questões relacionadas com a inibição de produtos finais e o controlo da infeção por fagos. Isómeros do butanol: O butanol tem três isómeros diferentes: o n-butanol, o isobutanol e o tertbutanol, apresentados na Tabela 2.

Quadro 2

Estrutura dos isómeros e suas propriedades.

	n-butanol	iso-butanol	tert-butanol
Alternate Names	1-Butanol, Butyl alcohol, Butyl hydroxide, Methylolpropane, Propylcarbinol	Isobutyl alcohol, IBA, 2-methylpropyl alcohol	t-butanol, 2-methyl-2-propanol, t-butyl alcohol, tert-butyl alcohol, 1,1-dimethylethanol, dimethylethanol
IUPAC Name	Butan-1-ol	2-Methylpropan-1-ol	2-methyl-propan-2-ol
Molecular Formula	$C_4H_{10}O$	$C_4H_{10}O$	$C_4H_{10}O$
Molar Mass	74.122 g/mol	74.122 g/mol	74.122 g/mol
Density	0.8098 g/cm³	0.802 g/cm³	0.7809 g/cm³
Viscosity	3 cP@20°C	3.95 cP@20°C	Solid@20°C
Melting Point	-89.5°C, -129°F, 184 K	-101.9°C, -151°F, 171 K	25°C, 77°F, 298.3 K
Boiling Point	117.7°C, 244°F, 391 K	107.89°C, 226°F, 381 K	82°C, 180°F, 355.5 K
Flash Point	35°C	28°C	11°C

Capítulo 4. Processos de produção de biobutanol

O biobutanol é derivado principalmente da fermentação dos açúcares de matérias-primas orgânicas. Historicamente, até cerca de meados dos anos 50, o biobutanol era fermentado a partir de açúcares simples num processo que produzia acetona e etanol, para além do componente butanol. O processo é conhecido como ABE (Acetone Butanol Ethanol) e utilizou micróbios pouco sofisticados (e não particularmente saudáveis) como o *Clostridium acetobutylicum.* O problema com este tipo de micróbio é o facto de ser envenenado pelo próprio butanol que produz quando a concentração de álcool sobe acima de aproximadamente 2%. Este problema de processamento causado pela fraqueza inerente aos micróbios de grau genérico, além do petróleo barato e abundante, deu lugar ao método mais simples e mais barato de destilação do petróleo para refinar o butanol. Nos últimos anos, com o aumento constante dos preços do petróleo e com a escassez crescente de fornecimentos a nível mundial, os cientistas voltaram a estudar a fermentação de açúcares para o fabrico de biobutanol [14, 15]. Os investigadores têm feito grandes progressos na criação de "micróbios projectados" que podem tolerar concentrações mais elevadas de butanol sem serem mortos [16].

A capacidade de resistir a ambientes agressivos de elevada concentração de álcool, bem como o metabolismo superior destas bactérias geneticamente melhoradas, fortificaram-nas com a resistência necessária para degradar as fibras celulósicas resistentes das matérias-primas de biomassa, tais como a polpa de madeira e a switchgrass. A porta foi aberta e a realidade de um álcool combustível renovável competitivo em termos de custos, se não mesmo mais barato, está à nossa frente [17, 18]. A produção de biobutanol pode duplicar graças a novas bactérias: investigadores da Universidade Estatal de Ohio (OSU) desenvolveram uma estirpe de bactérias que pode aumentar as concentrações de butanol em 100%.

Os cientistas comunicaram à American Chemical Society que, quando uma nova estirpe da bactéria Clostridium beijerinckii é colocada num bioreactor com fibras de poliéster, pode produzir até 30 gramas de butanol por litro. Anteriormente, em concentrações superiores a 15 gramas por litro, o processo de fermentação tornava-se demasiado tóxico para as bactérias sobreviverem. O biobutanol é um biocombustível emergente que tem uma densidade energética mais elevada do que o etanol. Por conseguinte, o biobutanol pode ser misturado em concentrações mais elevadas do que o etanol, o que o torna um biocombustível mais atrativo. Atualmente, a produção de biobutanol é dispendiosa. De acordo com os investigadores da Universidade Estatal de Ohio, o processo de recuperação e purificação representa quase 40% do custo total de produção. No entanto, ao criar butanol em concentrações mais elevadas, os investigadores acreditam que podem "baixar os custos de recuperação e purificação e tornar a produção de biocombustível mais económica". Atualmente, a equipa de investigação da OSU está a solicitar patentes para a bactéria e para a metodologia de produção de butanol.

4.1. *Conceção concetual dos processos de produção de biobutanol*

O interesse crescente na indústria sustentável, a utilização de matérias-primas renováveis e o aumento dos preços do petróleo levaram a uma atenção renovada da indústria e do meio académico para a fermentação de acetona, butanol e etanol (ABE), em particular para o l-butanol. A produção biológica de butanol por fermentação ABE demonstrou fornecer uma concentração total de solvente no caldo de fermentação de cerca de 20 g/L. A concentração do produto é limitada principalmente pela inibição do butanol pelo produto. A remoção do produto durante a fermentação aumentará a produtividade e contribuirá para a economia global do processo de produção. Uma operação eficiente de remoção do produto será capaz de minimizar os custos de produção, incluindo os custos do fermentador, mantendo uma concentração de butanol não inibidora no fermentador. Por conseguinte, a principal etapa a jusante do processo é a separação do caldo de fermentação sem células numa pequena fração rica em butanol e numa grande fração pobre em butanol.

Existe uma grande variedade de opções para a recuperação de butanol a partir de soluções aquosas. É difícil compará-las sem ter de conceber em pormenor todas as potenciais opções de processo integrado na mesma base. Por conseguinte, foi desenvolvido um método mais simples para classificar as possíveis opções de recuperação. Este método centra-se na seletividade entre o butanol e a água da recuperação, nos fluxos de massa resultantes e no consumo de energia correspondente. O consumo de energia é um fator de custo operacional fundamental no que diz respeito à recuperação. De acordo com esta análise, uma das melhores opções para a recuperação é a adsorção de butanol por zeólitos com alto teor de sílica. Potencialmente, isto pode conduzir diretamente a fluxos de butanol relativamente puros após a dessorção. O aumento de escala de uma operação de adsorção ou dessorção leva a uma série de complicações que serão ilustradas. A conceção de um processo global que inclua a fermentação e a adsorção mostra que o processo pode ser economicamente viável, dependendo dos preços adoptados para as matérias-primas e o produto. As questões de conceção importantes que serão discutidas são: Fermentação contínua, Reciclagem celular minimizando a acetona e o etanol por engenharia metabólica e o papel do H2 no processo.

O biobutanol é um álcool que pode ser produzido através do processamento de culturas nacionais, como o milho e a beterraba sacarina, e de outras biomassas, como gramíneas de crescimento rápido e resíduos agrícolas. A produção de biobutanol é atualmente mais cara do que a de etanol, pelo que ainda não foi comercializada em grande escala. A primeira unidade de produção de etanol do Reino Unido foi convertida para produzir 30.000 toneladas anuais de biobutanol a partir de beterraba sacarina. A produção de biobutanol é semelhante à do etanol e utiliza matérias-primas semelhantes; a capacidade de produção de etanol existente pode ser adaptada para produzir biobutanol. A produção de butanol através de processos termoquímicos é mostrada na Fig. 1.

Termochemical processes

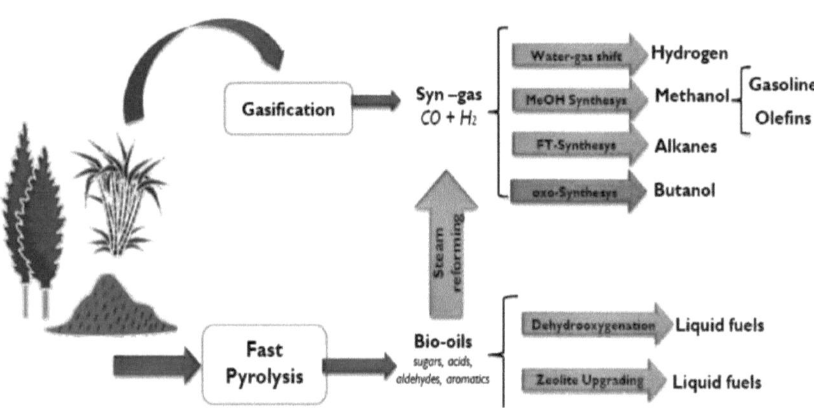

Fig.l. Processo termoquímico para a produção de butanol.

4.2.Produção de biobutanol e diferentes parâmetros envolvidos

Butanol de algas: O biobutanol pode ser produzido inteiramente com energia solar, a partir de algas (chamado combustível solalgal) ou diatomáceas. Como as algas são uma biomassa de crescimento rápido, têm potencial para serem utilizadas como matéria-prima para muitas das fábricas de bioetanol que estão a ser convertidas em fábricas de biobutanol. As algas convertem o CO_2 e a luz solar em hidratos de carbono e óleo. O óleo pode ser separado e transformado em biodiesel, enquanto a parte dos hidratos de carbono pode ser fermentada em biobutanol.

Produtores: A Butyl Fuel, LLC utilizou uma subvenção de Transferência de Tecnologia para Pequenas Empresas do Departamento de Energia dos EUA para desenvolver um processo destinado a tornar a produção de biobutanol economicamente competitiva com os processos de produção petroquímica. A DuPont e a BP planeiam fazer do biobutanol o primeiro produto do seu esforço conjunto para desenvolver, produzir e comercializar biocombustíveis da próxima geração. Na Europa, a empresa suíça Butalco está a desenvolver leveduras geneticamente modificadas para a produção de biobutanol a partir de materiais celulósicos. O número de produtores de biobutanol com instalações comerciais em funcionamento continua a aumentar mensalmente. Atualmente, existem várias fábricas de bioetanol que estão a ser convertidas em fábricas de biobutanol. Segundo a última contagem, há mais de 10 empresas que procuram desenvolver este combustível prometedor.

Tecnologias: O biobutanol pode ser produzido através da fermentação de biomassa pelo processo A.B.E.. Este processo utiliza a bactéria *Clostridium acetobutylicum,* também conhecida como *organismo de Weizmann.* Foi Chaim Weizmann quem primeiro utilizou estas bactérias para a produção de acetona a partir de amido, em 1916. O butanol era um subproduto desta fermentação. O processo gera também uma quantidade recuperável de H2 e uma série de outros subprodutos: ácidos acético, lático e propiónico, acetona, isopropanol e etanol. A diferença em relação à produção de etanol reside principalmente na fermentação da matéria-prima e em pequenas alterações na destilação. As matérias-primas são as mesmas que para o etanol: culturas energéticas como a beterraba sacarina, a cana-de-açúcar, o milho em grão, o trigo e a mandioca, culturas energéticas não alimentares em perspetiva, como a switchgrass na América do Norte, bem como subprodutos agrícolas como a palha e os caules de com. De acordo com a DuPont, as fábricas de bioetanol existentes podem ser adaptadas de forma económica para a produção de biobutanol. O butanol de biomassa é chamado biobutanol. Pode ser utilizado em motores a gasolina não modificados.

Distribuição: O butanol tolera melhor a contaminação por água e é menos corrosivo do que o etanol, sendo mais adequado para a distribuição através de condutas existentes para a gasolina. Nas misturas com gasóleo ou gasolina, o butanol tem menos probabilidades de se separar deste combustível do que o etanol se o combustível estiver contaminado com água. Existe também uma sinergia de co-mistura de pressão de vapor com butanol e gasolina contendo etanol, o que facilita a mistura de etanol. Isto facilita o armazenamento e a distribuição de combustíveis misturados.

Índice de octano: O índice de octanas do n-butanol é semelhante ao da gasolina, mas inferior ao do etanol e do metanol. O n-butanol tem um RON (Research Octane Number) de 96 e um MON (Motor Octane Number) de 78, enquanto o t-butanol tem índices de octanas de 105 RON e 89 MON. O t-butanol é utilizado como aditivo na gasolina, mas não pode ser utilizado como combustível na sua forma pura, porque o seu ponto de fusão relativamente elevado de 25,5 °C faz com que gelifique e congele perto da temperatura ambiente. Um combustível com um índice de octanas mais elevado é menos propenso a bater (combustão extremamente rápida e espontânea por compressão) e o sistema de controlo de qualquer motor de automóvel moderno pode tirar partido deste facto, ajustando o tempo de ignição. O sistema de controlo de qualquer motor de automóvel moderno pode tirar partido deste facto, ajustando o tempo de ignição, o que melhorará a eficiência energética, conduzindo a uma melhor economia de combustível do que indicam as comparações do conteúdo energético dos diferentes combustíveis. Ao aumentar a taxa de compressão, é possível obter mais ganhos em termos de economia de combustível, potência e binário. Por outro lado, um combustível com um índice de octanas mais baixo é mais suscetível de provocar choques e reduzirá a eficiência. O batimento pode também causar danos no motor.

Relação ar-combustível: Os combustíveis de álcool, incluindo o butanol e o etanol, são parcialmente oxidados e, por conseguinte, necessitam de misturas mais ricas do que a gasolina. Os motores a gasolina padrão dos automóveis podem ajustar a relação ar-combustível para acomodar variações no combustível, mas apenas dentro de certos limites, dependendo do modelo. Se o limite for ultrapassado ao fazer funcionar o motor com butanol puro ou com uma mistura de gasolina com uma elevada percentagem de butanol, o motor funcionará com uma mistura pobre, o que pode danificar gravemente os componentes. Em comparação com o etanol, o butanol pode ser misturado em proporções mais elevadas com a gasolina para ser utilizado nos veículos existentes sem necessidade de reequipamento, uma vez que a relação ar/combustível e o teor energético são mais próximos dos da gasolina.

Viscosidade: A viscosidade dos álcoois aumenta com cadeias de carbono mais longas. Por este motivo, o butanol é utilizado como alternativa aos álcoois mais curtos quando se pretende um solvente mais viscoso. A viscosidade cinemática do butanol é várias vezes superior à da gasolina e quase tão viscosa como a do gasóleo de alta qualidade.

Calor de vaporização: O combustível num motor tem de ser vaporizado antes de arder. A vaporização insuficiente é um problema conhecido dos combustíveis de álcool durante os arranques a frio em tempo frio. Uma vez que o calor de vaporização do butanol é menos de metade do do etanol, um motor a funcionar com butanol deve ser mais fácil de arrancar em tempo frio do que um motor a funcionar com etanol ou metanol.

Capítulo 5. Matérias-primas para o biobutanol

O biobutanol pode ser preparado a partir de várias fontes de biomassa. É mais fácil produzir biobutanol diretamente a partir de uma fonte de açúcar. No entanto, existem vários programas activos que permitirão a produção de biobutanol a partir de resíduos de culturas para a produção de energia [19].

5.1.Substratos e pré-tratamento

Análises económicas anteriores indicam que o substrato de fermentação é um dos factores mais importantes que influenciam o custo do biobutanol [20]. Antes da década de 1950, o algodão e o melaço eram os principais substratos para a produção de ABE. No entanto, para tornar o processo mais sustentável e deixar de utilizar culturas alimentares como substratos, foram iniciados programas de desenvolvimento de microrganismos capazes de hidrolisar eficazmente o amido e os substratos lignocelulósicos [21]. Os substratos lignocelulósicos, em particular os resíduos agrícolas, são considerados os substratos com maior potencial para a fermentação ABE devido à sua grande disponibilidade, baixo preço e composição de açúcares [22]. Estes substratos são definidos como os derivados de material vegetal, sendo os seus principais componentes a lignina e os polímeros de hidratos de carbono (celulose e hemicelulose). De entre estes, a celulose, um homopolímero linear de resíduos de anidroglucose, é o substrato orgânico mais abundante. A celulose existe em diferentes formas, com diferentes graus de polimerização e peso molecular [23]. As hemiceluloses representam cerca de 20 a 35% da biomassa lignocelulósica [24]. Ao contrário da celulose, as hemiceluloses são constituídas por cadeias heteropolissacarídicas mais curtas, compostas por uma mistura de pentosanos e hexosanos, o que as torna mais facilmente solúveis e, por conseguinte, susceptíveis de decomposição enzimática. Os principais componentes da estrutura arabinoxilana das hemiceluloses são a D-xilose e a L-arabinose, e as cadeias laterais são compostas principalmente por D-glucose, D-glucurónico, D-manose e D-galactose. O glucuroxilano é o principal constituinte da hemicelulose das folhosas e o glucomanano o das resinosas. O género Clostridium, que é utilizado principalmente para a produção fermentativa de butanol, pode utilizar uma grande variedade de hidratos de carbono. Num estudo de Ezeji, et al., (2007), foram testados açúcares representativos presentes na biomassa lignocelulósica para determinar a sua fermentabilidade com Clostridium beijerinckii BA101. Os açúcares testados foram a glucose, a xilose, a celobiose, a manose, a arabinose e a galactose. A glucose serviu de controlo para a experiência e produziu uma concentração de ABE de 17,8 g/L com uma produtividade de 0,30 g/L.h. Também foram observadas fermentações rápidas com os outros açúcares, com produtividades que variaram de 0,23-0,32 g/L.h., como mostra a Fig. 2. A capacidade do Clostridium beijerinckii BA101 de utilizar açúcares mistos (hexoses e pentoses) para a produção de ABE também foi testada, e verificou-se que os açúcares mistos podem ser metabolizados simultaneamente, embora a taxa de utilização do açúcar seja específica do açúcar. A ordem de preferência para utilização é glucose>xilose>arabinose>manose. O tempo de fermentação é mais longo quando se utilizam açúcares mistos como substrato do que com glucose pura (a produtividade diminuiu para 0,21g/L.h).

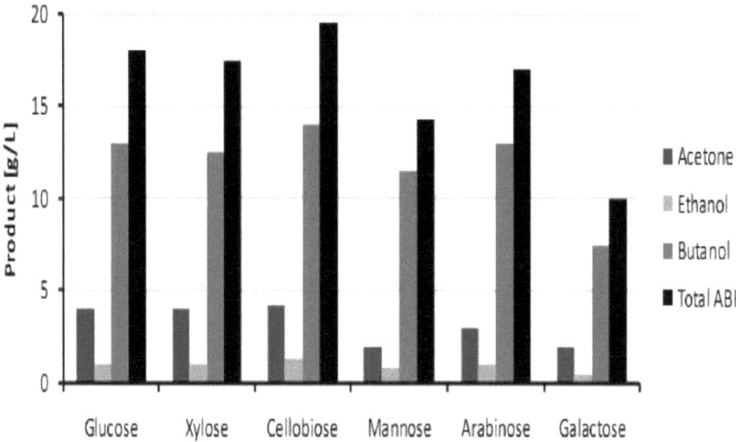

Fig. 2. Produção de ABE a partir de açúcares individuais por Clostridium beijerinckii BA101 (Ezeji, etal.,2007) [24].

5.2.As matérias-primas para o biobutanol competem com os alimentos

O biobutanol pode ser produzido a partir de matérias-primas que não competem com os alimentos. Por exemplo, estão a ser envidados esforços para converter em biobutanol a biomassa de algas e os resíduos de partículas de madeira. Ver no quadro seguinte várias matérias-primas que não competem com os alimentos [25, 26]. Várias delas requerem apenas um décimo ou vigésimo dos recursos terrestres do milho, como se pode ver no Quadro 3.

Quadro 3

Matéria-prima e produção de biobutanol - anos para a comercialização.

Matéria-prima	Fermentação	Pirólise
Sumo de cana-de-açúcar, grãos de milho (fonte de açúcar)	0-2 anos	N/A
Beterraba sacarina, Sorgum (açúcar complexo)	0-2 anos	N/A
Miscanthus, Switchgrass (tecnologia celulósica)	2-4 anos	1-3 anos
Resíduos de madeira, Resíduos de culturas, Choupo	2-4 anos	1-3 anos
Biomassa de algas	2-4 anos	N/A
Resíduos de processamento de alimentos, resíduos	4-6 anos	1-3 anos

5.3. Biobutanol produzido através de processos de conversão

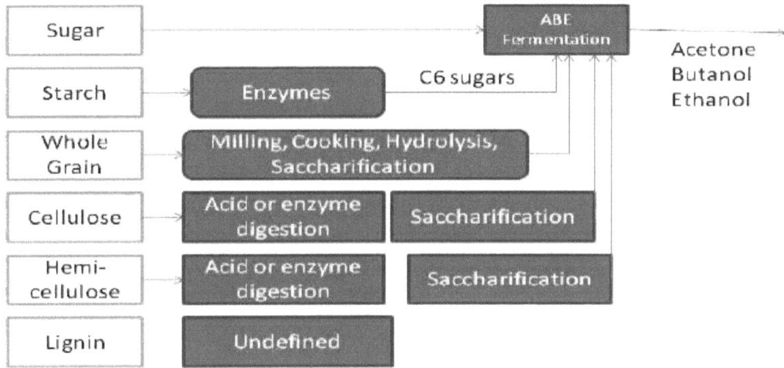

Fig. 3. Processo de fermentação para a produção de bio-butanol.

A Fig. 3 apresenta duas vias principais: a fermentação e a conversão termoquímica.

Capítulo 6. Bioconversão da biomassa em combustíveis de álcool misto

A bioconversão da biomassa em combustíveis de álcool misto pode ser efectuada utilizando o processo MixAlco. Através da bioconversão da biomassa num combustível de álcool misto, mais energia da biomassa acabará como combustíveis líquidos do que na conversão da biomassa em etanol por fermentação de levedura [27, 28].

6.1.Conversão termoquímica

Pirólise rápida para liquefação de biomassa

Biomassa = Bio-óleo + carvão + gases

(100%)   = (70%) + (15%) + (15%)

Óxidos de carbono

Hidrogénio

Produtos orgânicos leves

A pirólise é a decomposição térmica sem ar

- Rápido, geral, converte completamente a biomassa

Aplicação comercial dificultada por:

- Conhecimento limitado da química da pirólise

- Falta de uma abordagem eficaz para melhorar as propriedades do bio-óleo

Óxidos de carbono hidrogénio orgânicos leves

Propriedades do bio-óleo:

- Altamente ácido, corrosivo

- Quimicamente instável (forma alcatrão)

- Baixo teor energético (18-20 MJ/kg)

- Elevado teor de água (15-30%)

Atualização do H_2 /catalisador

$CH_xO_y \rightarrow$ CH_z

Bio-óleo   Biocombustível

18MJ/kg   44MJ/kg (~50% de rendimento)

O hidrogénio molecular (H_2) é um agente redutor tradicional

Como se pode ver, a pirólise é um processo muito indulgente, uma vez que não é necessária qualquer etapa de separação ou digestão. No entanto, a pirólise pode ter penalizações significativas em termos de rendimento, como mostra a Fig. 4 [29, 30].

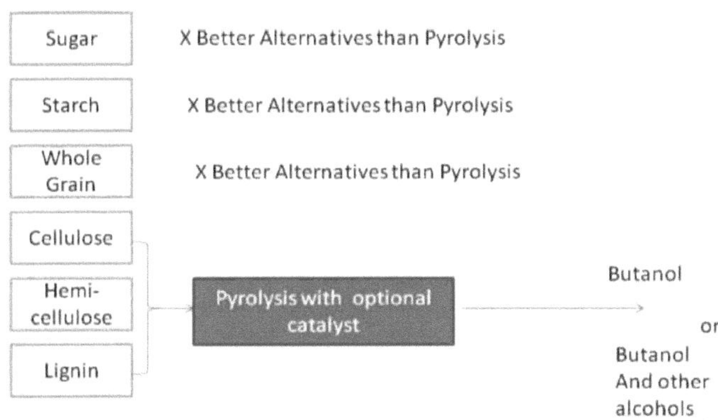

Fig. 4. Processo de conversão termoquímica.

Tal como acontece com todos os combustíveis, o biobutanol tem uma série de características que terão de ser abordadas, incluindo uma maior toxicidade do que o etanol e um mau cheiro percetível quando hidrolisado (como leite estragado, segundo consta) [31, 32]. O bioetanol foi demonstrado como oxigenado da gasolina e aditivo de octanagem na América do Norte, Europa e noutros locais. O biobutanol, por outro lado, ainda é em grande parte uma opção especulativa no mercado mundial de combustíveis [33], mas a curto prazo tem excelentes mercados como produto químico e solvente, e há boas perspectivas de sua adoção como combustível para motores, globalmente [34, 35].

O objetivo do presente estudo foi avaliar as perspectivas técnicas, comerciais e económicas do biobutanol para complementar significativamente o etanol como matéria-prima para a mistura com a gasolina nos próximos 10-15 anos. Os elementos críticos do fabrico e utilização do biobutanol são apresentados na Fig. 5 [36, 37].

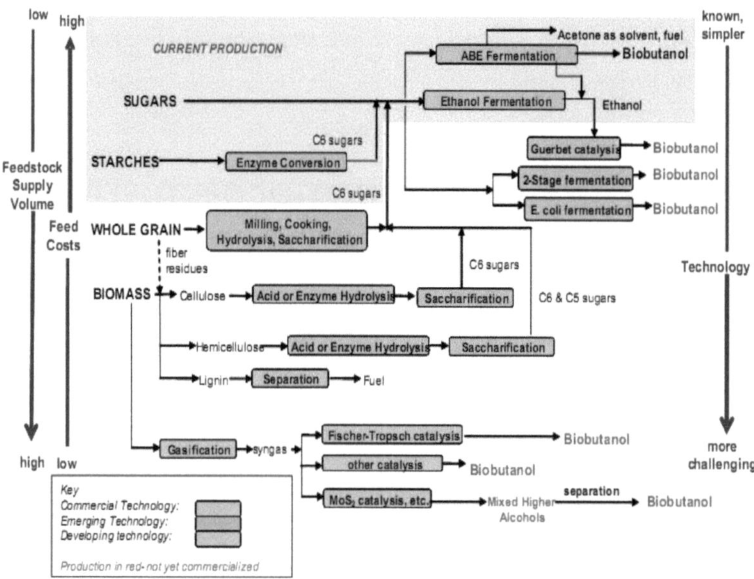

Fig. 5. Tecnologias atuais, emergentes e potenciais do biobutanol: relação com a disponibilidade e o preço das matérias-primas.

6.2. Tecnologia de processos

Os tipos de rotas do biobutanol que foram considerados no estudo incluem: Fermentação de substratos açucarados (diretamente disponíveis ou obtidos a partir de amidos ou celulose) em biobutanol para mistura com gasolina a vários níveis, incluindo: (1) Melhoria de uma nova estirpe, a via clássica ABE (acetona, butanol, etanol), incluindo a utilização de clostridium beijerinckii, centrada em melhorias recentes por blaschek ou tetravitae e planos de comercialização Dupont-BP. **(2)** Processo Dircmtm de "reactores duplos imobilizados com recuperação contínua" de butil-combustível, utilizando duas estirpes separadas de clostridium. (3) Outros desenvolvimentos nos Estados Unidos, em França, no Reino Unido, na China, no Japão e noutros países.

Tecnologia potencial para a desidratação do bioetanol em butanol através da reação de guerbet, utilizando a hidroxiapatite japonesa (HAP) ou outros sistemas catalíticos. A gaseificação da biomassa celulósica para a produção de gás de síntese, com vista à produção catalítica de biobutanol [38]. Estas tecnologias de processo foram avaliadas do ponto de vista técnico, económico e comercial. Foi efectuada uma análise e avaliação das vias de processamento representativas de cada uma das principais tecnologias. Além disso, foi caracterizada a fase de desenvolvimento do processo [39, 40].

Capítulo 7. Vantagens do biobutanol

Assim, apesar de toda esta química sofisticada e intensa investigação, o biobutanol tem muitas vantagens em relação ao etanol, que é mais fácil de produzir. O biobutanol tem um conteúdo energético mais elevado do que o etanol, pelo que a perda de economia de combustível é muito menor. Com um conteúdo energético de cerca de 105.000 BTUs/galão (contra aproximadamente 84.000 BTUs/galão do etanol), o biobutanol está muito mais próximo do conteúdo energético da gasolina (114.000 BTUs/galão). O biobutanol pode ser facilmente misturado com a gasolina convencional em concentrações mais elevadas do que o etanol para ser utilizado em motores não modificados. As experiências mostraram que o biobutanol pode funcionar em um motor convencional não modificado a 100%, mas até agora nenhum fabricante garante o uso de misturas superiores a 15% [41, 42]. Como é menos suscetível de se separar na presença de água (do que o etanol), pode ser distribuído através de infra-estruturas convencionais (oleodutos, instalações de mistura e tanques de armazenamento). Não há necessidade de uma rede de distribuição separada. É menos corrosivo do que o etanol. O biobutanol não só é um combustível de maior densidade energética, mas também é menos explosivo que o etanol. Os resultados dos ensaios da EPA demonstram que o biobutanol reduz as emissões, nomeadamente de hidrocarbonetos, monóxido de carbono (CO) e óxidos de azoto (NOx). Os valores exactos dependem do estado de afinação do motor. Mas isso não é tudo. O biobutanol como combustível para motores - com a sua estrutura de cadeia longa e preponderância de átomos de hidrogénio - poderia ser utilizado como trampolim para a introdução dos veículos a pilha de combustível de hidrogénio. O biobutanol também resiste à absorção de água, o que lhe permite manter a sua elevada densidade energética durante períodos de tempo mais longos. Uma vantagem muito interessante do biobutanol é o facto de os veículos não necessitarem de modificações para o utilizar [43, 44]. Um dos maiores desafios que se colocam ao desenvolvimento de veículos a células de combustível de hidrogénio é o armazenamento de hidrogénio a bordo para uma autonomia sustentável e a falta de infra-estruturas de abastecimento de hidrogénio. O elevado teor de hidrogénio do butanol torná-lo-ia um combustível ideal para a reforma a bordo. Em vez de queimar o butanol, um reformador extrairia o hidrogénio para alimentar a célula de combustível [45, 46, 47].

Capítulo 8. Desvantagens do biobutanol

Não é comum que um tipo de combustível tenha tantas vantagens óbvias sem pelo menos uma desvantagem brilhante; no entanto, com o argumento do biobutanol versus etanol, esse não parece ser o caso. Atualmente, a única desvantagem real é que existem muito mais instalações de refinação de etanol do que de biobutanol. E embora o número de instalações de refinação de etanol seja muito superior ao número de instalações de biobutanol, a possibilidade de adaptar as fábricas de etanol ao biobutanol é viável. E, à medida que se aperfeiçoam os microorganismos geneticamente modificados, a viabilidade da conversão das usinas é cada vez maior [48, 49]. É evidente que o biobutanol é a opção superior ao etanol como aditivo da gasolina e, talvez, como eventual substituto da gasolina. Durante os últimos 30 anos, aproximadamente, o etanol teve a maior parte do apoio tecnológico e político e semeou o mercado de álcool renovável para motores. O biobutanol está agora pronto para assumir esse papel [50, 51].

Capítulo 9. Teste de estrada do biobutanol e do butanol combustível

9.1. O biobutanol e as misturas de biobutanol foram testados: Butamax LLC, Butyl Fuel e outros testaram o biobutanol combustível em vários veículos. Os veículos foram desmontados para procurar possíveis mecanismos de falha. Até à data, o biobutanol não provocou alterações nos veículos produzidos nos últimos 10 anos.

9.2. O combustível 100% biobutanol produz uma quilometragem inferior à da gasolina

Embora o butanol 100% combustível tenha uma densidade energética ligeiramente inferior à da gasolina, a sua combustão ocorre a uma temperatura e pressão uniformes, uma vez que se trata de um combustível monocomponente.

Isto é diferente da gasolina, uma vez que a gasolina se inflama a uma temperatura e pressão mais amplas, resultando numa combustão incompleta, uma vez que é composta por muitos tipos diferentes de moléculas [52, 53]. Esta combustão incompleta resulta num menor rendimento dos motores de combustão interna. Um motor concebido para queimar biobutanol ou um motor que se auto-ajusta à queima de biobutanol combustível pode proporcionar uma maior quilometragem em comparação com a gasolina [54, 55].

9.3. Carros de corrida venceram com biobutanol

Os carros de corrida foram testados sendo abastecidos com biobutanol. Os autores esperam que possa ter aplicação futura em motores de veículos.

9.4. Potenciais problemas com a utilização de butanol combustível

Os problemas potenciais da utilização do butanol são semelhantes aos do etanol: Para igualar as características de combustão da gasolina, a utilização do butanol combustível como substituto da gasolina requer aumentos do caudal de combustível (embora o butanol tenha apenas um pouco menos de energia do que a gasolina, pelo que o aumento do caudal de combustível necessário é apenas mínimo, talvez 10%, em comparação com 40% para o etanol) [56, 57]. Os combustíveis à base de álcool não são compatíveis com alguns componentes do sistema de combustível. Os combustíveis à base de álcool podem causar leituras incorrectas do indicador de nível de combustível em veículos com indicador de nível de combustível de capacitância. Embora o etanol e o metanol tenham densidades energéticas inferiores às do butanol, o seu índice de octanas mais elevado permite uma maior taxa de compressão e eficiência. Uma maior eficiência dos motores de combustão permite menores emissões de gases com efeito de estufa por unidade de energia extraída. Como vantagem, a produção de butanol a partir da biomassa poderia ser mais eficiente (ou seja, unidade de energia motriz do motor fornecida por unidade de energia solar consumida) do que as rotas do etanol ou do metanol. Além disso, algumas bactérias que produzem butanol são capazes de digerir a celulose, e não apenas o amido e os açúcares [58, 59].

9.5. *Possíveis misturas de butanol combustível*

Existem normas para a mistura de etanol e metanol na gasolina em muitos países, incluindo a UE, os EUA e o Brasil. As misturas equivalentes aproximadas de butanol podem ser calculadas a partir das relações entre a razão estequiométrica combustível-ar do butanol, do etanol e da gasolina. As misturas comuns de etanol combustível para o combustível vendido como gasolina variam atualmente entre 5% e 10%. A quota de butanol pode ser 60% superior à quota equivalente de etanol, o que dá uma gama de 8% a 16%. Neste caso, "equivalente" refere-se apenas à capacidade de adaptação do veículo ao combustível [60, 61]. Outras propriedades como a densidade energética, a viscosidade e o calor de vaporização variam e podem limitar ainda mais a percentagem de butanol que pode ser misturada com a gasolina. A aceitação do consumidor pode ser limitada devido ao cheiro desagradável do butanol [62].

Capítulo 10. Utilizações do biobutanol e do butanol

A principal utilização do biobutanol é como solvente industrial em produtos como vernizes e esmaltes. O biobutanol é um álcool combustível líquido que pode ser utilizado nos actuais motores de combustão interna a gasolina. O biobutanol também é compatível com a mistura de etanol e pode melhorar a mistura de etanol com gasolina. As emissões de gases com efeito de estufa são reduzidas porque o dióxido de carbono capturado durante o cultivo da matéria-prima equilibra o dióxido de carbono libertado quando o biobutanol é queimado.

As propriedades químicas do biobutanol significam que já pode ser misturado com a gasolina em concentrações mais elevadas do que o etanol, pelo que mais componentes renováveis são incorporados no combustível final em comparação com misturas de etanol com teor de oxigénio equivalente [63]. Isto reduz as emissões de gases com efeito de estufa mais do que é possível com uma mistura de etanol convencional. A baixa pressão de vapor do biobutanol ajuda a garantir menores emissões de COV, uma vez que não há necessidade de reduzir as especificações de pressão de vapor, mesmo quando a quantidade de biocombustível na mistura é aumentada [64]. O uso comum do butanol e as características do combustível líquido de diferentes biocombustíveis são comparados com as características da gasolina, como mostra o Quadro 4.

Quadro 4

As características do combustível líquido de diferentes biocombustíveis são comparadas com as da gasolina.

Characteristic	Gasoline	Butanol	Ethanol	Methanol
Formula	C-C	C_4H_9OH	CH_3CH_2OH	CH_3OH
Boiling Point (°C)	32-210	118	78	65
Energy Density (MJ/kg)	44.5	33.1	26.9	19.6
Air Fuel Ratio	14.6	11.2	9.0	6.5
Research Octane Number	91-99	96	129	136
Motor Octane Number	81-89	78	102	104
Heat of Vaporization (MJ/kg)	0.36	0.43	0.92	1.20

10.1.Utilização atual do butanol nos veículos

Atualmente, não se conhece nenhum veículo de produção que tenha sido aprovado pelo fabricante para utilização com 100% de butanol. Desde o início de 2009, apenas alguns veículos estão homologados para o uso do combustível E85 (ou seja, 85% de etanol + 15% de gasolina) nos EUA. No entanto, no Brasil, todos os fabricantes de veículos (Fiat, Ford, VW, GM, Toyota, Honda Peugeot, Citroen e outros) produzem veículos flex fuel que podem funcionar com 100% de etanol ou qualquer mistura de etanol e gasolina. Esses carros flex fuel representam 90% das vendas de veículos pessoais no Brasil, em 2009. A BP e a Dupont, que estão envolvidas em uma joint venture para produzir e promover o butanol combustível, afirmam que "o biobutanol pode ser misturado até 10%v/v na gasolina européia e 11,5%v/v na gasolina americana".

10.2. Butanol como combustível

Uma aplicação relativamente nova, mas muito importante, é o butanol como biocombustível. Esta última é a principal motivação para o atual interesse e desenvolvimento do biobutanol. O butanol tem várias vantagens sobre o etanol como componente de combustível. É menos higroscópico, pelo que, em misturas com gasóleo ou gasolina, é menos provável que o butanol se separe deste combustível do que o etanol, se o combustível estiver contaminado com água. É também menos corrosivo e mais adequado para a distribuição através das condutas existentes para a gasolina. A pressão de vapor de Reid do butanol é 7,5 vezes inferior à do etanol, o que o torna menos evaporativo ou explosivo [65, 66]. As comparações das propriedades dos combustíveis comuns com o biobutanol são apresentadas no quadro 5.

Quadro 5

Características de desempenho de vários combustíveis líquidos.

Fuel	Energy density	Air-fuel ratio	Specific energy	Heat of vaporization
Gasoline	32.2-32.9 MJ/L	14.6	2.9 MJ/ kg air	0. 36MJ/ kg
Biobutanol	26.9-27.0MJ/L	11.2	3.2MJ/ kg air	0.43MJ/ kg
Bioethanol	21.1-21.7MJ/L	9	3MJ/ kg air	0.92MJ/ kg
Methanol	16MJ/L	6.5	3.1MJ/ kg air	1.2MJ/ kg

Calculado a partir da diferença entre as densidades energéticas acima indicadas, um motor a gasolina terá, teoricamente, um consumo de combustível cerca de 10% superior quando funciona com biobutanol. No entanto, testes com outros alcoóis combustíveis demonstraram que o efeito sobre a economia de combustível não é proporcional à mudança na densidade energética, e o efeito do butanol sobre o consumo de combustível ainda não foi determinado por um estudo científico. Em comparação com o etanol, o butanol pode ser misturado em proporções mais elevadas com a gasolina para ser utilizado nos veículos existentes sem necessidade de reequipamento, uma vez que a relação ar/combustível e o teor energético são mais próximos dos da gasolina. Os combustíveis à base de álcool, incluindo o butanol e o etanol, são parcialmente oxidados e, por conseguinte, necessitam de misturas de ar mais ricas do que a gasolina. Os motores a gasolina normais dos automóveis podem ajustar a relação ar/combustível para acomodar variações no combustível, mas apenas dentro de certos limites, dependendo do modelo do automóvel. Se o limite for excedido ao fazer funcionar o motor com butanol puro ou com uma mistura de gasolina com uma elevada percentagem de butanol, o motor funcionará com uma mistura pobre, uma condição que pode danificar criticamente os componentes [67]. O butanol é considerado substancialmente semelhante à gasolina para efeitos de mistura e está certificado pela Agência de Proteção Ambiental dos Estados Unidos como agente de mistura até 11%. A Environmental Energy, Inc., uma empresa norte-americana com uma patente para a produção de biobutanol, sustenta que o butanol pode ser utilizado como substituto total da gasolina sem qualquer modificação no motor do automóvel [68].

Em geral, considera-se que o processo de combustão dos biocombustíveis tem zero emissões líquidas de carbono devido à sua produção a partir de matérias-primas agrícolas renováveis. Algumas desvantagens do butanol em relação ao etanol são a sua maior viscosidade e um índice de octanas mais baixo. Um combustível com um índice de octanas mais baixo é mais propenso a bater (combustão extremamente rápida e espontânea por compressão) e diminui a eficiência. O "Knocking" pode também causar danos no motor. O butanol é também mais tóxico do que o etanol. Num espetro mais alargado, esta investigação é também importante para promover o desenvolvimento do biobutanol em geral e, mais especificamente, na África do Sul. O biobutanol é um biocombustível muito promissor e, com toda a investigação e desenvolvimento recentes, o processo de fermentação ABE poderia voltar a ser economicamente viável [57, 58]. Todos os modelos de processo feitos para o biobutanol até agora são baseados na economia americana e principalmente com o milho como substrato, portanto, esta pesquisa determinará se, com tecnologia aprimorada e melaço como substrato, a indústria do biobutanol pode ser economicamente viável [59,60].

10.3. Biobutanol - o combustível para saltar o muro das misturas

De acordo com a base de dados de acompanhamento de biocombustíveis avançados, terá notado que, a partir de 2012, o biobutanol deverá crescer rapidamente da atual fase piloto para mais de 500 milhões de galões em produção até 2014. Isso representa cerca de 60% mais butanol até 2014 do que todo o mercado de biodiesel dos EUA atualmente. Para não mencionar que o biobutanol se tornou um dos queridinhos do DOE - que tem procurado "vitórias" iniciais da sua ronda de subsídios para instalações integradas de bioenergia e vê o biobutanol como um sector que ganhará força e encontrará financiamento mais rapidamente.

10.4. Abordar a parede de mistura

A sua verdadeira beleza está na mistura de combustível. Atualmente, o biobutanol está aprovado para misturas de 16% (em comparação com o limite de 10% do etanol). Se o etanol fosse aprovado para misturas de 15% pela EPA, o biobutanol seria aprovado para misturas de 24%. Combinado com a densidade energética melhorada, num tanque padrão de 13 galões de um sedan é possível transportar até 109.000 BTUs de etanol E10 ou 228.000 BTUs de biobutanol - um pouco mais do dobro.

No entanto, há menos problemas com a barreira da mistura. Atualmente, com o E10, os Estados Unidos estão mesmo no "muro da mistura", onde os agricultores e os transformadores terão de procurar mercados estrangeiros alternativos, com margens mais baixas, para comercializar o seu etanol. Com o biobutanol, a mesma quantidade de milho que resulta em 13 mil milhões de galões de etanol e atinge o "muro da mistura", produz 10,4 mil milhões de galões de biobutanol. Além disso, o limite de mistura de 16% de biobutanol não é atingido em 13 mil milhões de galões, mas em 20,8 mil milhões de galões. Assim, poder-se-ia transformar o dobro do milho em biobutanol sem atingir o atual limite de mistura. Se a EPA aprovasse o E15 (e, no processo, o Bu24), isso criaria um mercado de biobutanol misturado de até 31,2 bilhões de galões. Isso levaria os EUA a percorrer um longo, longo caminho em direção ao Padrão de Combustível Renovável sem exigir uma frota maciça de flex-fuel.

10.5. O biobutanol é um obstáculo na estrada

O biobutanol poderia ser utilizado em híbridos gasolina-eletricidade, o que constituiria um duplo efeito ambiental. Não será útil para os motores diesel. Atualmente, não se conhece nenhum veículo de produção aprovado pelo fabricante para ser utilizado com 100% de butanol. A viscosidade do biobutanol é muito superior à da gasolina ou do etanol, o que pode ter efeitos negativos no sistema de combustível. A viscosidade do biobutanol é de 3,64 centistrokes contra 0,4-0,8 centistrokes da gasolina. Em comparação, a água tem 1,0 centistrokes. O custo é o verdadeiro obstáculo. Os preços actuais do butanol produzido tradicionalmente (a partir do petróleo) são de cerca de 3,50 dólares por galão ou mais. À semelhança do seu primo, o etanol, o biobutanol é um produto de arrasar em busca de um preço de arrasar. Processos de produção inovadores, como o de David Ramey, talvez sejam exatamente o que o médico fiscal receitou.

10.6. A Dupont e a BP têm como objetivo várias moléculas de biobutanol; o biocombustível permite

rácios de mistura mais elevados

A DuPont e a BP anunciaram que a sua parceria para desenvolver e comercializar biobutanol tem como objetivo vias metabólicas avançadas para o 1-butanol, bem como outros isómeros de biobutanol de maior octanagem. As empresas também anunciaram resultados de testes de veículos que demonstram que estes biocombustíveis avançados podem aumentar a mistura de biocombustíveis na gasolina para além do atual limite de 10% para o etanol sem comprometer o desempenho. Além disso, foi encomendada uma análise completa do ciclo de vida ambiental do processo de produção de biobutanol. De acordo com a DuPont Biofuels e a BP Biofuels Business Technology, a parceria tem vindo a desenvolver biocatalisadores para produzir 1-butanol, bem como 2-butanol e iso-butanol - isómeros de biobutanol de maior octanagem que são de maior interesse e utilidade do ponto de vista dos combustíveis. Os testes de combustível realizados nos últimos 12 meses pela BP demonstram que o biobutanol de elevado índice de octanas pode proporcionar características de desempenho excepcionais. A parceria já comunicou anteriormente (incluindo a melhoria da densidade energética/economia de combustível em comparação com as actuais misturas de biocombustíveis e a utilização em infra-estruturas de combustíveis existentes) em misturas de combustível superiores ao atual limite de 10 por cento de mistura de etanol.

10.7. Ensaio de veículos

De acordo com os novos dados de testes de motores e veículos da BP, que demonstraram que o biobutanol de alta octanagem em concentrações de 16% oferece um desempenho de combustível semelhante ao dos actuais combustíveis de gasolina com uma mistura de 10% de etanol, o que significa que o butanol pode ajudar a alcançar uma maior penetração de biocombustíveis sem comprometer o desempenho do combustível. A BP completou um programa de testes de 16% de butanol de alta octanagem, abrangendo a formulação do combustível, impactos de curto prazo no desempenho do motor e testes de longo prazo, sem danos e durabilidade da frota de veículos. A avaliação em laboratório e em veículos de misturas de butanol superiores a 16% também produziu resultados de teste favoráveis. Os resultados mostram que as misturas de 16% de butanol de alta octanagem têm as vantagens adicionais do comportamento da pressão de vapor e das curvas de destilação comparáveis à gasolina comum e, ao contrário do etanol de 10%, não se separam na presença de água. A DuPont e a BP encomendaram uma análise completa do ciclo de vida ambiental do processo de biobutanol proposto, que utilizará modelos reais de design de fabrico para orientar o design do processo. Com base nos resultados dos testes em veículos, verificou-se que o butanol de alta octanagem oferece uma forma de ultrapassar a limitação de 10% de etanol no atual parque automóvel.

Capítulo 11. Biocombustíveis da próxima geração

A próxima geração de biocombustíveis está a criar um novo impulso na investigação e desenvolvimento a nível mundial. Os autores têm curiosidade em estudar os pormenores dos biocombustíveis e os detalhes são apresentados no Quadro 6.

Quadro 6

Biocombustíveis da próxima geração.

Next generation Biofuels
Synthetic biology
Biobutanol
Bio-hydrogen
Green Diesel
Biomethyl furan
Bio-dimethyl ether

11.1. Tecnologias de ponta - requerem intervenção de I&D

O estudo comparativo de várias tecnologias de ponta e de diferentes tipos de matérias-primas utilizadas para diferentes biocombustíveis é discutido nesta comunicação e é apresentado no Quadro 7.

Quadro 7

Comparação de vários biocombustíveis em relação às novas tecnologias.

Biofuel	Feedstock	Technology
Biodiesel	Jatropha, TBO	Transesterification batch/continuous process
Bioethanol	Cellulosic– Agricultural & forestry waste	Pre-treatment enzyme modification
Bio-butanol	Algae– Micro & Macro	Simultaneous saccharification and fermentation
Bio-hydrogen		
Bio-hydrocarbon	Biomass	Synthetic biology

11.2. Intervenção de I & D

A intervenção em matéria de investigação e desenvolvimento de biocombustíveis é apresentada no Quadro 8.

Quadro 8

Diferentes tipos de biocombustíveis I&D.

Biobuthanol	Biohydrogen
At preliminary research stage	Metabolically engineered strains
	Process validation
Optimal strain development	Novel fermentation method
	Butanol recovery

Capítulo 12. Comparação com outros biocombustíveis

12.1. O poder calorífico inferior como base de comparação da produção de biocombustíveis líquidos

O valor calorífico inferior (LHV) do etanol (fermentação por levedura) ou do n-butanol (fermentação ABE) será utilizado para comparar a conversão de uma dada massa de matéria-prima no biocombustível-alvo. O LHV é considerado como o calor de combustão a 25°C e à pressão atmosférica reduzido pela entalpia de evaporação da água formada durante a combustão, uma vez que a água sai de um motor de combustão interna como vapor [69]. O LHV é utilizado aqui como um parâmetro razoável, uma vez que tanto o biobutanol como o bioetanol seriam provavelmente utilizados em motores de combustão interna semelhantes. O conteúdo energético por volume de combustível (mais elevado para o n-butanol do que para o etanol) e a distância percorrida por volume de combustível são frequentemente utilizados na discussão dos biocombustíveis. O LHV de uma determinada quantidade de matéria-prima é uma forma mais neutra de comparar biocombustíveis para motores semelhantes. Por outro lado, uma comparação entre o bioetanol e o biodiesel seria mais complexa, uma vez que os motores a gasóleo produzem mais trabalho mecânico por unidade de LHV, dado que são termodinamicamente mais eficientes do que os motores do tipo Otto. A escolha entre o LHV e o HHV (valor calorífico superior) empregue não altera as conclusões gerais das considerações que se seguem, uma vez que a diferença é relativamente pequena.

12.2. O balanço de massa de carbono como ferramenta para comparar o bioetanol com o biobutanol

Uma visão geral do processamento baseado na fermentação para etanol ou n-butanol ou ^-etanol (Fig. 3). O requisito de esterilidade para a fermentação ABE foi discutido mais adiante. O carbono é obviamente o elemento de maior interesse quando se avalia a produção de biocombustíveis líquidos, uma vez que o objetivo final é converter o carbono residente na biomassa num hidrocarboneto líquido que possa ser utilizado num motor de combustão interna. O carbono presente no amido é utilizado como fluxo de massa de entrada para o milho, uma vez que apenas o amido é fermentado. Cerca de dois terços do carbono do amido que entra é convertido em etanol no processo de ponta baseado em leveduras (Figura 4). O carbono restante é encontrado como gás CO_2 que sai dos fermentadores, na biomassa produzida e numa pequena quantidade de amido não fermentado. Um balanço de massa de carbono é uma verificação simples e rápida da consistência dos resultados experimentais relatados ou reivindicados e serve como uma ferramenta de primeiro nível para comparar processos. O balanço energético é o próximo passo numa comparação significativa dos processos de produção de biocombustíveis, uma vez que revelará a quantidade de energia necessária para produzir uma unidade de energia como LHV do combustível alvo e, assim, também abre o caminho para uma análise subsequente da exergia ou da "qualidade da energia". O autor executa aqui apenas o balanço de massa de carbono, uma vez que o rendimento do combustível LHV por massa de matéria-prima é crucial, especialmente quando se comparam processos semelhantes, todos baseados na fermentação e confrontados com problemas semelhantes a jusante (separação do produto alcoólico diluído do caldo de fermentação aquoso) [70].

12.3. Impacto da concentração final de etanol ou n-butanol no fermentador sobre a produtividade e o custo de capital

O etanol é completamente miscível com a água e as concentrações finais de etanol em fermentadores industriais podem atingir 15 wt%. O n-butanol, por outro lado, não é completamente miscível com a água e separa-se numa fase rica em etanol e numa fase rica em n-butanol acima de cerca de 8 wt% de n-butanol em água a 20°C. As concentrações finais de n-butanol na fermentação ABE por lotes são talvez inferiores a um terço da solubilidade do n-butanol em água. É pouco provável que esta concentração possa ser aumentada de forma significativa, uma vez que o n-butanol é um excelente solvente e dissolve fisicamente as membranas biológicas, mesmo sem ter em conta a toxicidade biológica. A exposição de um organismo a 8 wt% de n-butanol em água é termodinamicamente equivalente à exposição ao butanol puro. A fermentação do etanol atinge cerca de 15 wt% (ou w7% da saturação), enquanto a fermentação ABE parece atingir geralmente cerca de 2 wt% de n-butanol (w25% da saturação de n-butanol). A baixa concentração final de n-butanol traduz-se diretamente na necessidade de aumentar o volume do fermentador para produzir quantidades equivalentes de n-butanol por tempo, em comparação com o etanol. Tem havido tentativas de lidar com a baixa concentração final de n-butanol na fermentação ABE em lote, removendo o n-butanol seletivamente do caldo de fermentação ABE durante a fermentação através de extração ou separação por membrana (ver também Fig. 3) [71]. Os métodos de extração introduzem produtos químicos adicionais, enquanto os problemas com as separações por membranas incluem energia eléctrica dispendiosa para manter uma força motriz de pressão parcial e conseguir uma seletividade suficiente para o n-butanol. Ambas as abordagens só foram testadas em pequena escala piloto, na melhor das hipóteses. Estas técnicas, se forem desenvolvidas à escala industrial, podem resolver, em certa medida, as baixas concentrações finais de butanol, mas não resolvem o baixo rendimento de LHV por massa de matéria-prima que afecta a fermentação ABE em comparação com a fermentação de levedura para etanol. Os tempos de fermentação mais longos para a ABE em comparação com a fermentação à base de levedura (cerca de 55 h vs. 45 h) agravam ainda mais os custos de capital da ABE quando comparados com os do bioetanol numa base de produção igual de LHV por tempo [72].

Para ilustrar o que precede, partiremos do princípio de que uma instalação existente de bioetanol à base de levedura é convertida para a fermentação ABE. Devido à menor produtividade volumétrica e ao tempo de fermentação mais longo da fermentação ABE, apenas cerca de 25% do LHV que poderia ser produzido como etanol através da levedura seria produzido se o volume do fermentador desta instalação existente fosse utilizado para a fermentação ABE. A necessidade de um investimento significativo para conseguir uma operação estéril e lidar com a preparação de inóculos é, obviamente, também importante para este processo hipotético de conversão.

12.4. Mudança de erva como matéria-prima para bio-butanol vs. bio-etanol

Os mandatos EISA incluem objectivos muito substanciais de produção de biocombustíveis a partir de matérias-primas celulósicas (biocombustíveis de segunda geração). As matérias-primas celulósicas, como o restolho de milho, a palha de trigo e a switchgrass, são consideradas prometedoras para a produção de biocombustíveis líquidos. A fermentação ABE pode ser considerada vantajosa neste caso, uma vez que foi relatado que não só os açúcares C6 (da celulose hidrolisada), mas também os açúcares C5 (da hemicelulose) podem ser fermentados para obter principalmente n-butanol utilizando Clostridium spp. Não estão disponíveis publicamente dados à escala industrial sobre a produção de etanol com base na fermentação a partir de switchgrass utilizando açúcares C5 e C6. As estirpes de leveduras desenvolvidas na Universidade de Purdue e licenciadas pela Logen Corp são talvez promissoras para a fermentação à escala industrial de açúcares C5 e C6 em etanol a partir de matéria-prima celulósica hidrolisada. O valor de Sedlak e Ho de 0,41 kg de etanol por kg de açúcares C5 e C6 combinados alimentados será utilizado juntamente com uma composição de switchgrass (seca) de 33,45 wt% de celulose e 26,51 wt% de hemiceluloses (saldo de lignina e outros não fermentáveis). Assume-se que toda a celulose e hemicelulose são despolimerizadas em glucose (C6) e xilose (C5) durante o pré-tratamento e que todos os açúcares resultantes estão disponíveis para fermentação em etanol ou em solventes ABE sem inibição significativa da fermentação.

A análise executada acima, baseada em balanços de massa de carbono, LHV e modelagem econômica dinâmica, mostra que, para dados de desempenho disponíveis em escala industrial, o n-butanol como biocombustível não é competitivo em relação ao milho ou a uma matéria-prima celulósica. O baixo rendimento de LHV da fermentação baseada em Clostridium spp. para n-butanol (e etanol) é crucial enquanto os custos da matéria-prima forem uma parte significativa do custo de produção do combustível. A diferença de rendimento entre a produção de bioetanol de última geração e a de biobutanol é muito significativa, e o biobutanol não só se igualaria, mas também superaria o rendimento LHV do bioetanol, como se indica na figura 6 [66, 67].

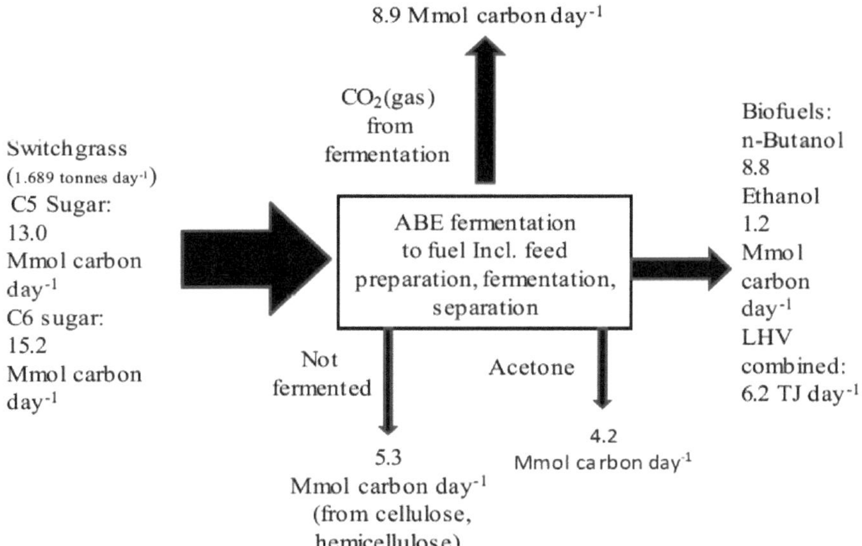

Fig. 6. O processo de produção de butanol.

Capítulo 13. Perspectivas

Manipulações genéticas e engenharia metabólica para melhorar a fermentação da biomassa até à obtenção de butanol: No processo tradicional e histórico de ABE em descontínuo, o C. acetobutylicum produz algum hidrogénio, dióxido de carbono, acetato e butirato durante a fase inicial de crescimento, o que resulta numa diminuição do pH. As Clostridium spp. segregam enzimas que facilitam a decomposição de hidratos de carbono poliméricos, como o amido, em monómeros que podem ser transportados para o interior das células utilizando o sistema de fosfotransferase dependente do fosfoenolpiruvato (PTS) para a glucose e o mecanismo não PTS para a galactose. Quando a cultura em descontínuo entra na fase estacionária, ocorre uma mudança metabólica para a solventogénese com a assimilação dos ácidos e a libertação concomitante de n-butanol, acetona e etanol. As vias bioquímicas seguidas em Clostridia estão bastante bem descritas. No entanto, as múltiplas vias metabólicas e a natureza em duas fases da fermentação ABE ainda impedem um cálculo claro e conclusivo do rendimento teórico máximo. Os dois principais organismos Clostridium solventogénicos que foram investigados para a produção de n-butanol são o C. acetobutylicum ATCC 824 e o Clostridium beijerinckii NCIMB 805212. A estirpe hiper-butanogénica C. beijerinckii BA101 foi gerada por mutagénese química a partir de C. beijerinckii NCIMB 8052. A estirpe C. beijerinckii BA101 tem uma maior capacidade para utilizar amido e tolera 0,017-0,021 kg de n-butanol por litro de caldo de fermentação. Vários resíduos agrícolas, tais como palha de milho, fibra de milho e grãos secos de destilaria ricos em fibras e solúveis (DDGS) como substratos foram relatados como substrato para esta estirpe. Embora as pentoses e as hexoses tenham sido utilizadas em simultâneo para a produção de n-butanol, a concentração mais elevada de n-butanol foi produzida quando se utilizou celobiose, ao passo que a menor quantidade de n-butanol foi produzida utilizando galactose. Durante o pré-tratamento da biomassa celulósica rica em fibras, formam-se geralmente inibidores da fermentação, tais como furfural, hidroximetil furfural (HMF), compostos acéticos, ferúlicos, glucurónicos e fenólicos. Destes, o furfural e o HMF não são inibidores para C. beijerinckii BA101; no entanto, mesmo 300 g de ácidos r-cumárico e ferúlico por m3 de caldo de fermentação reduziram significativamente a produção de n-butanol [73].

A atual produção de biobutanol utilizando os Clostridium spp. existentes sofre, em comparação com o bioetanol à base de levedura, de um baixo título final de n-butanol, baixo rendimento e baixa produtividade (tempos de fermentação mais longos). A tecnologia de ADN recombinante, juntamente com a mutagénese e a seleção tradicionais, tem sido utilizada para modificar vias metabólicas específicas no Clostridium spp. solvente. Por exemplo, Tummala et al. utilizaram ARN anti-sentido para regular em baixa as enzimas na via de formação de acetona. Embora tenham sido alcançados níveis mais baixos de formação de acetona, não houve redireccionamento do fluxo de carbono para a síntese de n-butanol. A tolerância ao solvente foi semelhante à da fermentação ABE, o que talvez não seja surpreendente devido ao impacto físico do solvente butanol nos organismos. O butanol dissolve as membranas celulares e a baixa concentração de saturação do n-butanol na água (cerca de 8% em peso) conduz a uma atividade termodinâmica elevada e letal já em concentrações de butanol que são modestas em comparação com as concentrações na fermentação do etanol. Recentemente, a E. coli geneticamente modificada foi relatada para a produção de butanol e outros álcoois superiores a partir de glicose num meio de laboratório contendo antibióticos. No entanto, o rendimento de isobutanol registado parece corresponder apenas a cerca de 50% do rendimento da fermentação ABE em n-butanol, quando se compara o número de átomos de carbono transferidos da matéria-prima para o biocombustível. Além disso, o rendimento da ABE é comprovado à escala industrial utilizando milho, enquanto o rendimento da E. coli modificada é para a glucose num meio cuidadosamente construído à escala de bancada [74].

13.1. Tentativas de utilização de biomassa não alimentar para melhorar a produção de butanol

Nos últimos anos, para a produção de biobutanol em laboratório, foram utilizadas várias fontes de carbono, como a glucose e diferentes tipos de amido, incluindo milho, sagu, trigo, tapioca e fécula de batata, o que torna o preço do biobutanol proibitivo e concorre também com as utilizações alimentares. Em comparação com o método de síntese química, a produção de biobutanol deve ser executada com base em substratos mais baratos e renováveis. Entre os polissacáridos totais, os investigadores centram-se nas celuloses e hemiceluloses, que são os recursos mais abundantemente renováveis e disponíveis no planeta.

A matéria-prima só pode ser utilizada pelo microrganismo para a fermentação ABE depois de ser degradada em monossacáridos ou outras moléculas pequenas, como a glucose, a xilose, a arabinose, a galactose, o ácido glucurónico, o ácido acético, o ácido ferúlico, etc. Embora a C. acetobutylicum contenha um celulossoma aparentemente completo, ainda não é capaz de absorver eficazmente a celulose e as hemiceluloses. Uma razão possível é o facto de os genes que codificam enzimas relacionadas ou proteínas limitadoras da função estarem silenciados ou apresentarem uma mutação essencial. Outra razão possível é o facto de não existir uma forma de transportar as enzimas e o açúcar. Como todo o processo ainda não está claro, é mais interessante procurar um mecanismo genético para utilizar a biomassa não alimentar para melhorar a produção de butanol [75].

13.2. Biobutanol, o combustível do futuro

O biobutanol combustível está a ganhar muita atenção recentemente como uma fonte de combustível alternativa que pode ser utilizada imediatamente em motores a gasolina. É uma forma especializada de butanol criada a partir da fermentação de biomassa que é como o típico etanol à base de milho. No entanto, o butanol é superior ao etanol por ser tão eficiente como a gasolina, em vez de oferecer uma potência de combustível de 70% que incorpora o etanol normal à base de milho. Também implica que, embora o etanol à base de milho emita menos CO_2, tem uma propensão para aumentar os custos dos alimentos e é menos eficiente em termos de economia de combustível do que o gasóleo e a gasolina, o que o torna um candidato pobre como substituto do petróleo. O biobutanol oferece mais potência do que o etanol, mas não está a ser produzido comercialmente em grande escala devido aos custos mais elevados. Embora o processo de fabrico do biobutanol seja essencialmente o mesmo que o do etanol, a diferença reside no seu ingrediente principal, uma enzima necessária para o processo de fermentação. Encontrar a enzima certa a um preço acessível que permita a conversão de qualquer tipo de matéria vegetal em biobutanol continua a ser um desafio. Assim que os investigadores conseguirem encontrar essa enzima, o biobutanol poderá tornar-se no maior combustível limpo alternativo. O biobutanol tem muitas vantagens sobre o etanol, para além de oferecer uma maior eficiência de combustível. Em primeiro lugar, como a produção de etanol e a produção de biobutanol são praticamente idênticas, as mesmas instalações podem ser utilizadas para fornecer biobutanol comercialmente [76].

Em segundo lugar, o biobutanol não absorve água, como o etanol, pelo que não sofre problemas como a corrosão ou a contaminação da água durante o transporte, podendo ser simplesmente distribuído através das actuais infra-estruturas utilizadas para o fornecimento de gás, o que sugere que as instalações existentes podem ser utilizadas sem que seja necessário fazer despesas adicionais para formar novas instalações. Isto faz com que o método de introdução do biobutanol no mercado mundial seja relativamente simples. A obtenção da enzima adequada a um preço acessível pode tornar o fabrico comercial de biobutanol combustível economicamente possível um dia. No entanto, os problemas da utilização de alimentos como combustível ainda persistem. Embora o etanol pareça ser uma fonte limpa e viável de combustível, a utilização de milho para o produzir fez aumentar os custos do milho, o que, por sua vez, aumenta o custo de todos os produtos alimentares associados ao milho. Mesmo que o biobutanol não tenha os problemas de potência e de transporte associados ao etanol, depende de culturas alimentares como matéria-prima. O que é necessário é uma enzima barata que permita aos produtores de combustível fornecer biobutanol a partir de ervas ou lascas de madeira, o que representaria uma descoberta na corrida para criar um substituto viável para os combustíveis fósseis [77].

A investigação atual sobre combustíveis sustentáveis promoveu um interesse renovado no biobutanol como uma alternativa viável. O Departamento de Energia dos Estados Unidos concedeu uma subvenção à ButylFuel, LLC para desenvolver processos que tornem a produção de biobutanol comercial e economicamente viável. Os defensores do biobutanol combustível acreditam que talvez seja possível conduzir automóveis existentes com cem por cento de biobutanol com poucas ou nenhumas alterações no automóvel. Os ensaios sobre esta afirmação foram limitados. Segundo a ButylFuel, um veículo foi conduzido com cem por cento de biobutanol em todo o país. A empresa planeia comercializar o biobutanol como solvente e, mais tarde, como combustível ecológico [78].

Capítulo 14. Conclusões

A produção de n-butanol através da fermentação ABE de biomassa não parece ser vantajosa em comparação com o bioetanol. A principal razão é o baixo rendimento do combustível, o menor valor calorífico por massa de biomassa processada a partir da fermentação ABE e, adicionalmente, a baixa produtividade por volume e tempo do fermentador, em comparação com a produção de etanol por fermentação. O custo de transporte da biomassa e as necessidades energéticas impedem um processamento fortemente centralizado. Embora a engenharia metabólica e genética possa atenuar algumas ou todas estas desvantagens, o sucesso desta investigação de base à escala industrial poderá estar ainda distante no futuro. O baixo rendimento, o baixo título, os requisitos rigorosos de esterilidade, os riscos de infeção por fagos e os problemas de separação a jusante constituem um conjunto de obstáculos bastante formidável para o biobutanol. Os Clostridia podem segregar numerosas enzimas que facilitam a decomposição de hidratos de carbono poliméricos em monómeros para a produção de biobutanol. Os esforços dos cientistas centram-se na procura do mecanismo genético envolvido no controlo das enzimas relacionadas com a degradação dos polissacáridos. Alguns investigadores, em vez de estudarem C. acetobutylicum, estão a trabalhar com S. cerevisiae e E. coli para criar um sistema eficaz de produção de biobutanol. Com todos estes progressos da investigação, começou a surgir uma nova indústria do biobutanol.

Agradecimentos

O autor agradece o apoio do Instituto Indiano de Tecnologia de Deli, Nova Deli, para este projeto. O autor agradece igualmente ao Indira Gandhi Institute of Technology, Sarang, pela disponibilização das instalações necessárias.

Lista de abreviaturas

AA	Acetic Acid
BA	Butyric Acid
ABE	Acetone, Butanol and Ethanol
ASPEN	Advanced Simulator for Process Engineering
CEPCI	Chemical Engineering Plant Cost Index
CS	Carbon Steel
CSW	Corn Steep Water
CW	Cooling Water
ER	Energy Ratio
GWH	Giga Watt Hour
GS	Gas Stripping
IRR	Internal Rate of Return
LLE	Liquid-Liquid Extraction
MSECI	Marshall & Swift Equipment C
NEV	Net Energy Value
NPV	Net Present Value
NREL	National Renewable Energy L
NRR	Net Rate of Return
P&ID	Piping and Instrument Diagra
PFD	Process Flow Diagram
PI	Profitability Index
PO	Payout Period
ROR	Rate of Return
SS	Stainless Steel
T	Ton

Referências

[1]Durre P. Biobutanol: um biocombustível atrativo. Biotechnol J 2007; 2:1525-34.

[2]Edward M. Genomics of cellulosic biofuels (Genómica dos biocombustíveis celulósicos). Nature 2008; 454:841-45.

[3]Pimentel D, Patzek TW, Gerald C. Produção de etanol: perdas energéticas, económicas e ambientais. Rev Environ Contam Toxicol 2007; 189:25-41.

[4]Huang He, Hui Lui, Yi-Ru Gan. Genetic Modification of Critical Enzymes and Involved Genes in Butanol Biosynthesis from Biomass [Modificação Genética de Enzimas Críticas e Genes Envolvidos na Biossíntese de Butanol a partir de Biomassa]. Biotechnology Advances 471.1 (2010).

[5]Alimento ou combustível? Los Angeles Times 2008, 26 de fevereiro.

[6]Shapouri H, Duffield JA, Wang M. The energy balance of corn ethanol revisited (O balanço energético do etanol de milho revisitado). Trans ASAE 2003;46(4):59-68.

[7]Durre P. Produção fermentativa de butanol. AnnN Y Acad Sci 2008;1125:353-362.

[8]Antoni D, Zverlov VV, Schwarz WH. Biofuels from microbes. Appl Microbiol Biotechnol2007; 77:23-35.

[9]BeeschSC. Fermentação de amidos com acetona-butanol. Appl Microbiol 1953;1:85-95.

[10] Gabriel CL. Processo de fermentação do butanol. Ind Eng Chem 1928; 20:1063-67.

[11] Weizmann C. BP, ABF, and DuPont unveil plans lor grassroots biofuels plant. Chem Eng Prog 2007; 103:114.

[12] Zverlov VV, Berezina O, Velikodvorskaya GA, SchwarzWH. Produção bacteriana de acetona e butanol por fermentação industrial na União Soviética: utilização de resíduos agrícolas hidrolisados para biorefinaria. ApplMicrobiol Biotechnol2006; 71:587-97.

[13] Ni Y, Sun Z. Progressos recentes na produção industrial fermentativa de acetona-butanol-etanol por Clostridium acetobutylicum na China. Appl Microbiol Biotechnol 2009; 83: 415-23.

[14] Greenhouse gases, regulated emissions, and energy use in transportation (GREET) model [citado em 8 de dezembro de 2009]. Disponível em: http://www.transportationanl.gov/ mode ling_ s imulatio n/GREET / inde x. html.

[15] Álcoois: uma avaliação técnica da sua aplicação como combustíveis para motores. Publicação nº 4261 do Instituto Americano do Petróleo; julho de 1976.

[16] Wu M. Analysis of the efficiency of the U.S. ethanol industry 2007. Argonne (IL): Laboratório

Nacional de Argonne, Centro de Pesquisa em Transportes. Patrocinado pela Renewable Fuels Association. [Citado em 24 de março de 2009]. Disponível em: http://wwwl.eere.energy.gov/biomass/pdfs/anl_ethanol_analysis_2007.pdl; 2008 março.

[17] Killeffer DH. Butanol e acetona de milho. Ind EngChem 1927; 19:46-50.

[18] Marlatt JA, Datta R. Desenvolvimento e avaliação económica do processo de fermentação da acetona-butanol. Biotechnol Prog 1986; 2:23-28.

[19] Gapes J. The Economics of Acetone-Butanol Fermentation: Considerações teóricas e de mercado. J MolMicrobiol Biotechnol 2000; 2:27-32.

[20] Formanek J, Mackie R, Blaschek HP. Aumento da produção de butanol por Clostridium beijerinckii BA101 cultivado em meio P2 semidefinido contendo 6% de maltodextrina ou glucose. Appl Environ Microbiol 1997; 63:2306-10.

[21] Wu M, Wang M, Liu J, Huo H. Life cycle assessment of corn-based butanol as a potential transportation fuel. Argonne (IL): Laboratório Nacional de Argonne, Centro de Investigação de Transportes, Divisão de Sistemas Energéticos; novembro de 2007. Relatório nº: ANL/ESD/07-10. Contrato nº: DE-AC02-06CH11357. Patrocinado pelo Gabinete de Tecnologias de Veículos e Carros Livres do Departamento de Energia dos EUA.

[22] Ramey DE, Yang ST. Production of butyric acid and butanol from biomass (Produção de ácido butírico e butanol a partir de biomassa). Blacklick (OH) e Columbus (OH): Environmental Energy Inc. e The Ohio State University; 2004. Relatório final Contrato nº: DE-F-G02-00ER86106. Patrocinado pelo Departamento de Energia dos EUA.

[23] Jones DT, Woods DR. Acetone-butanol fermentation revisited. Microbiol Rev 1986;50:484-24.

[24] Ezeji TC, QureshiN, Blaschek HP. Bioprodução de butanol a partir de biomassa: dos genes aos bioreactores. Curr Opin Biotechnol2007;18:220-27.

[25] Ezeji TC, Qureshi N, Blaschek HP. Investigação sobre a fermentação do butanol: manipulações a montante e a jusante. Chem Rec 2004; 4:305-14.

[26] Ezeji TC, Qureshi N, Blaschek HP. Produção de butanol a partir de resíduos agrícolas: impacto dos produtos de degradação no crescimento de C. beijerinckii e na fermentação de butanol. Biotechnol Bioeng 2007; 97:1460-69.

[27] J Formanek, R Mackie, HP Blaschek, Appl Environ Microbial 1997; 63 2306-10.

[28] Atsumi S, Hanai T, Liao JC. Vias não fermentativas para a síntese de álcoois superiores de cadeia ramificada como biocombustíveis. Nature 2008; 451:86-90.

[29] Cascone R. Biobutanol - um substituto para o bioetanol? Chem Eng Prog 2008; 104:S4- S9.

[30] U.S. Department of Energy Joint Genome Institute [citado em 8 de dezembro de 2009]. Disponível em: www.jgi.doe.gov/.

[31] Nimcevic D, Gapes JR. The acetone-butanol fermentation in pilot plant and preindustrial scale. J Mol Microbiol Biotechnol 2000; 2:15-20.

[32] Stanbury PF, Whitaker A. Principles of fermentation technology. Elmsford: Pergamon Press; 1984. p. 387

[33] Pfromm P. O consumo mínimo de água na produção de etanol através da fermentação de biomassa. OpenChemEng J 2008; 2:1-5.

[34] Qureshi N, Saha BC, Cotta MA. Produção de butanol a partir de hidrolisado de palha de trigo utilizando Clostridiumbeijerinckii. Bioprocess Biosyst Eng2007;30:419-27.

[35] Swana J, Yang Y, Behnam M, Thompson R: An analysis of net energy production and feedstock availability lor biobutanol and bioethanol. Bioresour Technol. 2011; 102(2)2112-17.

[36] Sedlak M, Ho WY. Produção de etanol a partir de hidrolisados de biomassa celulósica utilizando levedura Saccharomyces geneticamente modificada capaz de cofermentar glucose e xilose. Appl Biochem Biotechnol 2004;113-116:403-16.

[37] Pfromm P. O consumo mínimo de água na produção de etanol através da fermentação de biomassa. OpenChemEng J 2008; 2:1-5.

[38] Alsaker KV, Spitzer TR, Papoutsakis ET. Análise transcricional da sobre-expressão de spoOA em Clostridium acetobutylicum e o seu efeito na resposta da célula ao stress do butanol. JBacteriol2004;186:1959-71.

[39] Andersch W, Bahl H, Gottschalk G. Nível de enzimas envolvidas na formação de acetato, butirato, acetona e butanol por Clostridium acetobutylicum. Appl Microbiol Biotechnol 1983;18:327-32.

[40] Atsumi S, Cann AF, Connor MR, Shen CR, Smith KM, Brynildsen MP. Metabólico engenharia de Escherichia coli para a produção de 1-butanol. Metab Eng2008;10: 305-11.

[41] Ballongue J, Amine J, Petitdemange H, Gay R. Regulation of acetate kinase and butyrate kinase by acids in Clostridium acetobutylicum. FEMS Microbiol Lett 1986;35:295-1.

[42] Boynton ZL, Bennett GN, Rudolph FB. Clonagem, sequenciação e expressão de genes que codificam a fosfotransacetilase e a acetato quinase de Clostridium acetobutylicum ATCC 824. Appl Environ Microbiol 1996b;8:2758-66.

[43] Ennis BM, Gutierrez NA, Maddox IS. A fermentação de acetona-butanol-etanol: uma avaliação atual. Proc Biochem 1986;21:131-47.

[44] Harris LM, Desai RP, Welker NE. Caracterização de estirpes recombinantes do mutante de inativação da butirato quinase de Clostridium acetobutylicum: necessidade de novos modelos fenomenológicos para a solventogénese e a inibição do butanol? Biotechnol Bioeng 2000 ;67:1-11.

[45] Harris LM, Welker NE, Papoutsakis ET. Análise nortenha, morfológica e de fermentação da inativação e sobreexpressão de spoOA em Clostridium acetobutylicum ATCC 824. J Bacteriol 2002;184:3586-97.

[46] Hartmanis MGN. Butyrate kinase from Clostridium acetobutylicum. Biol Chem 1987;26:617-21.

[47] Hartmanis MGN, Klason T, Gatenbeck S. Uptake and activation of acetate and butyrate in Clostridium acetobutylicum. Appl Microbiol Biotechnol 1986;24:159-67.

[48] Inui M, Suda M, Kimura S, Suda M, Yasuda K, Suzuki H, et al. Expressão de genes de síntese de butanol de Clostridium acetobutylicum em Escherichia coli. Appl Microbiol Biotechnol 2008;77:1305-16.

[49] Jiang Y, Xu CM, Dong F, Yang Y, Jiang W, Yang S. A perturbação do gene da acetoacetato descarboxilase no Clostridium acetobutylicum produtor de solventes aumenta a razão de butanol. Metab Eng2009;11:284-91.

[50] Alsaker KV, Spitzer TR, Papoutsakis ET. Análise transcricional da sobreexpressão de spoOA em Clostridium acetobutylicum e o seu efeito na resposta da célula ao stress do butanol. JBacteriol2004;186:1959-71.

[51] Andersch W, Bahl H, Gottschalk G. Nível de enzimas envolvidas na formação de acetato, butirato, acetona e butanol por Clostridium acetobutylicum. Appl Microbiol Biotechnol 1983;18:327-32.

[52] Andrade JC, Vasconcelos I. Culturas contínuas de Clostridium acetobutylicum: estabilidade da cultura e utilização de glicerol de baixa qualidade. Biotechnol Lett 2003;25:121-25.

[53] Atsumi S, Liao JC. Engenharia metabólica para a produção avançada de biocombustíveis a partir de Escherichiacoli. Curr OpinBiotechnol2008;19:414-19.

[54] Atsumi S, CannAF, Connor MR, ShenCR, Smith KM, Brynildsen MP, et al. Engenharia metabólica de Escherichia coli para a produção de 1-butanol. Metab Eng2008;10: 305-11.

[55] Ballongue J, Amine J, Petitdemange H, Gay R. Regulation of acetate kinase and butyrate kinase by acids in Clostridium acetobutylicum. FEMS Microbiol Lett 1986;35:295-1.

[56] Boynton ZL, Bennett GN, Rudolph FB. Clonagem, sequenciação e expressão de genes agrupados que codificam a b-hidroxibutiril-Coenzima A (CoA) desidrogenase, crotonase e butiril-CoA desidrogenase de Clostridium acetobutylicum ATCC 824. Bacteriology 1996a; 6:3015-24.

[57] Desvaux M, Khan A, Scott-Tucker A, Chaudhuri RR, Pallena MJ, Henderson IR. Análise genómica dos sistemas de secreção de proteínas em Clostridium acetobutylicum ATCC 824. Biochim Biophys Ata 2005;1745:223-53.

[58] Ennis BM, Gutierrez NA, Maddox IS. A fermentação de acetona-butanol-etanol: uma avaliação atual. Proc Biochem 1986;21:131-47.

[59] Hartmanis MGN. Butyrate kinase from Clostridium acetobutylicum Biol Chem 1987;26:617-21.

[60] Hartmanis MGN, Klason T, Gatenbeck S. Uptake and activation of acetate and butyrate in Clostridium acetobutylicum. Appl Microbiol Biotechnol 1986;24:159-67.

[61] Jiang Y, Xu CM, Dong F, Yang Y, Jiang W, Yang S. A perturbação do gene da acetoacetato descarboxilase no Clostridium acetobutylicum produtor de solventes aumenta a razão de butanol. Metab Eng2009;11:284-91.

[62] ButylFuel, LLC", http://www.butanol.com. Recuperado em 2008-01-29.

[63] TC Ezeji, N Qureshi, HP Blaschek, Appl Microbiol Biotech 2004; 63:653-59.

[64] Smith JL, Workman JP. "Alcohol lor Motor Fuels". Universidade Estadual do Colorado. (20 de dezembro de 2007).

[65] Randall Chase. "DuPont e BP juntam-se para produzir butanol; dizem que supera o etanol como aditivo de combustível". Associated Press, http ://www.usatoday.com/money/industries/energy/2006-06-20-butanol_x.htm?csp=34. Recuperado em 2008-01-29.

[66] Internal Combustion Engines, EdwardF. Obert, 1973

[67] Jones DT, Woods DR. Acetone-butanol fermentation revisited. Microbiol Rev 1986; 50:484-24.

[68] Keis S, Bennett CF, Ward VK, Jones DT. Taxonomia e filogenia de clostrídios produtores de solventes industriais. Int J Syst Bacteriol 1995;45:693-05.

[69] Kobayashi G, Eto K, Tashiro Y, Okubo K, Sonomoto K, Ishizaki A. Utilização do excesso de lamas pela fermentação de acetona-butanol-etanol utilizando Clostridium sacchar-operbutylacetonicumNl-4 (ATCC 13564). J Biosci Bioeng2005; 99:517-19.

[70] Lee SY, Park JH, Jang SH, Nielsen LK, KimJ, Jung KS. Produção fermentativa de butanol por Clostridia. Biotechnol Bioeng 2008;101:209-28.

[71] Lyanage H, Young M, Kashket ER. Butanol tolerance of Clostridium beijerinckii NCIMB 8052 associated with down-regulation of gldA by antisense RNA. J Mol M icrob iol Bio techno 12000;2:87-93.

[72] Moreira AR, Ulmer DC, Linden JC. Toxicidade do butanol na fermentação butírica. Biotechnol Bioeng Syrup 1981;11:567-79.

[73] Ni Y, Sun ZH. Progressos recentes na produção industrial fermentativa de acetonebutanol-etanol por Clostridium acetobutylicum na China. Appl Microbiol Biotechnol 2009;83:415-23.

[74] Ounine K, Petitdemange H, Raval G, Gay R. Produção de acetona-butanol a partir de pentoses por Clostridium acetobutylicum. Biotechnol Lett 1983 ;5:605-10.

[75] Ezeji T, Qureshi N, Blaschek H. Produção de butanol a partir de resíduos agrícolas: Impact of Degradation Products on Clostridium beijerinckii Growth and Butanol Fermentation (Impacto dos Produtos de Degradação no Crescimento de Clostridium beijerinckii e na Fermentação de Butanol). Biotechnology and Bioengineering 2007;97:1460-69.

[76] Jacques K, Lyons T, Kelsall D. The Alcohol Textbook 4th Edition. Nottingham: Imprensa da Universidade de Nottingham. 2003

[77] Koukeikolo R, Cho H Y, Kousugi A, Inuih M, Yukawa H, Dui RH. Degradação da fibra de milho por clostridium cellulovorans e hemiceluloses e contribuição da proteína de andaimeOBPA. Appl Environ Micro 2005;71:3504-11.

[78] Lopez-Contreras A. Utilization of lignocellulosic substrates by solvent-producing Clostridia.Wageningen: Universidade de Wageningen. 2003

I want morebooks!

Buy your books fast and straightforward online - at one of world's fastest growing online book stores! Environmentally sound due to Print-on-Demand technologies.

Buy your books online at
www.morebooks.shop

Compre os seus livros mais rápido e diretamente na internet, em uma das livrarias on-line com o maior crescimento no mundo! Produção que protege o meio ambiente através das tecnologias de impressão sob demanda.

Compre os seus livros on-line em
www.morebooks.shop

Printed by Books on Demand GmbH, Norderstedt / Germany